さらっとドヤ顔できる

草花の雑学

北嶋廣敏

はじめに

　私たちが住んでいる地球は、太陽系惑星の一つであり、今から四六億年ほど前に生まれた。この惑星には豊富な水が存在し、多種多様な生物が生きている。その生物は動物と植物に大別することができる。植物は大気中の二酸化炭素と水、そして太陽エネルギーによって、生きるために必要な栄養をつくりだしている。すなわち植物は自給自足しているわけである。ところが人間をはじめ動物には植物のように、必要な栄養を自らつくりだす能力がない。私たち人間は植物が光合成によって生産した酸素を吸い、植物を食べて生きている。私たちは植物に頼って生きているわけである。植物はかけがえのない存在である。しかし私たちはふだん、そんなことはほとんど意識しないで暮らしている。

　この本は植物の中の草花や樹木についての本である。だが研究書ではない。タイトルや目次などからもわかるように、草花や樹木についての、いわゆる雑学本である。「アスパラガスは横に寝かせると立つ」「トウモロコシはなぜ毛があるのか」「モモの表面にはなぜ溝があるか」「植物も触られると感じる」「巧妙な罠を仕掛けるマムシグサ」「タケのなかには何が入っているのか」……などなど、野菜・果物・草花・樹木について、思わず誰かに教えたくなるような話、知っているようで知らない話、知ってトクする話などを集めたものである。本書にはクッキングやガーデニングに役立つと思われる話も入っているが、実用性をことさら強調する気はない。あくまでも雑学本であり、気楽に読んで楽しんでもらうのが本書の一番の目的だからである。「へえ〜」「うそっ！」「なるほど」などと思える話を選んだつもりである。

　執筆にあたっては多くの書物を参考にさせていただいた。本数が多いため書名を列記するのは省略させてもらった。本書が読者の皆様にとって楽しめる一冊になることを願っている。

目次

147146145144

第一章　草花の雑学

▼草花の面白すぎる話

1　「青蛙足砂摺極紅糸狂唐花咲」って何の花？

「孔雀変化林風極紅車狂追抱花真蔓葉数苔生」

「泡雪搊水葉紅掛鳩地黒鳩刷毛目台桔梗袴着咲」

「青蛙足砂摺極紅糸狂唐花咲」

これは何のことかおわかりだろうか。順に
「くじゃくへんかりんぷうごくべにくるまくるいおいかかえばなしんつるはかずつぼみはえ」

「あわゆききくすいはべにがけはとじくろばとはけめだいききょうはかまぎざき」

「あおかえるですなずりごくべにいとぐるいからはなざき」

と読む。「孔雀」「鳩」「蛙」などの文字が見えるが、動物とは関係がない。

右の三つは、江戸時代に流行した変化朝顔の名前である。アサガオ（朝顔）といえば、ほとんどの人がラッパ型のアサガオをイメージするにちがいない。ところが江戸時代には変わった形のアサガオが栽培されていた。江戸時代後期、江戸・下谷の植木屋たちが珍らしいアサガオを咲かせたのがその始まりで、やがて武士、僧侶、一般庶民に至るまで、変化アサガオを栽培することが流行した。嘉永七年（一八五四）、変化アサガオの珍花三六品種を木版彩色刷りした『朝顔三十六花撰』という図譜が刊行されているが、それらのアサガオは花をはじめ、葉や茎も奇妙な形をしており、おなじみのラッパ型のアサガオとはまったく違っている。

2　母の日の花はカーネーション、では父の日の花は？

五月第二日曜日の「母の日」と、六月第三日曜日の「父の日」は、どちらもアメリカで生まれた記念日である。「母の日」は一九一四年、ウィルソン大統領によって祝日に制定された。母の日といえばカーネーションである。では父の日の花は？　父の日の花は母の日の花（カーネーション）に比べると、知名度がかなり低いようだが、父の日にもちゃんと花がある。その花とはバラである。

一九一〇年、ワシントン州でひとりの女性が知人たちを集め、父親に感謝する集会を開いた。これが「父の日」のルーツである。彼女の父親（ウィリアム・ジャクソン・スマート）は南北戦争の退役軍人で、妻を早く亡くし、男手ひとつで彼女と五人の男の子を育ててきた。彼女は父親への感謝から、父の日の設定を呼びかけ、集会を開いた。そして父親の墓前にバラの花を供えたという。そこから父の日の花はバラになった。

「父の日」は「母の日」のようには簡単に成立しなかった。「父の日」がニクソン大統領によって正式に決定したのは、最初に父親に感謝する集会が行なわれてから六二年後の一九七二年のことである。ちなみに「母の日」が日本に取り入れられたのは戦後の昭和二十四年（一九四九）ころで、「父の日」はその数年後のことである。

3　ヒガンバナとスイセンの共通点とは

秋に真っ赤な花を咲かせるヒガンバナ、寒中に白い花を咲かせるスイセン。この二つの花にはいくつもの共通点がある。それは何かおわかりだろうか。

ヒガンバナはヒガンバナ科ヒガンバナ属、スイセンはヒガンバナ科スイセン属に分類されている。つまりヒガンバナとスイセンはヒガンバナ科の球根植物で、仲間である。まずはそれが共通点の一つ。

そのいずれの球根も毒を含んでおり、毒の成分も共通している。それはリコリンというアルカロイド（塩基性の窒素化合物）の一種で、猛毒である。

このほかの共通点としては、二つの花には生殖能力がない。ヒガンバナとスイセンは花を咲かせ、その花にはオシベとメシベがちゃんとある。それなのに種子ができない。

三セットの染色体を持つものを三倍体といい、三倍体の植物は正常に生殖ができないので種子をつくれない。ヒガンバナとスイセンはいずれも三倍体である。だから花が咲いても、種が実らない。

4　白い花が白く見える本当の理由

花にはいろんな色のものがある。花の色といえば、あなたはどんな色を真っ先に思い浮かべるだろうか。ヒマワリの花は黄色だが、同じコスモスでも、種類によっては花の色がピンクであったり赤であったりする。

自然界でもっとも多い花の色は、黄色と白色。それぞれ約三割を占め、トップを争っている。

黄色い花には、たいていカロテノイドという色素が含まれている。カロテノイドは黄色、オレンジ色、赤色の色素で、栄養素でもある。その色素を含んでいるから黄色く見える。一方、白い花は、白の色素を含んでいるから白いわけではない。

生物界には白い色素というのはない。それなのに白い花はどうして白いのか。白い花は白く見えているにすぎない。ではどうして白く見えるのか。

それは光の散乱による。花びらの細胞と細胞の間には隙間があり、そこに空気の泡が入っている。それに光が当たって、乱反射し、花が白く見えるわけである。

5　植物も触られると感じる

草木を自分の子供のように大切に育て、よく手入れし、しょっちゅう触ったりしている人がいる。

じつは植物は触られると伸びなくなる。植物も人間と同じように、触られると感じるのである。そして伸びなくなる。なぜ伸びなくなるのか。

人間の手や体など、何かが植物に触れると、植物はエチレンと呼ばれるガス状の植物ホルモンを発生する。エチレンは植物のさまざまな生理作用に関わっており、成熟や老化を早めたり、生長を抑えたりするはたらきを持っている。

人の手が触れたりして、物理的なストレスがかかると、植物はエチレンを発生し、植物が上に伸びるのを抑制し、茎を太らせる。すなわち背丈が低く、茎の太い丈夫な植物になる。

だから背丈が低く、茎を太くしたければ、いつも撫でまわしているとよい。盆栽のマツなどは手を触れることによって、姿形のよいものに仕上げることができる。

6　世界最大の花を咲かせる植物は生殖に専念

世界でもっとも大きい花は何かご存じだろうか。

スマトラ島とボルネオ島の熱帯雨林に、直径一メートル、重さが七キログラムにもなる巨大な赤い花を咲かせる植物が分布しており、ラフレシア（ラフレシア・アルノルディイ）と呼ばれている。これが世界最大の花である。

ちなみにラフレシア・アルノルディイという名は、一八一八年、スマトラ島でこの植物を発見したイギリスのラッフルズ卿夫妻と、その友人のアーノルド博士の名にちなんでつけられたものである。

ラフレシアは寄生植物である。ブドウ科のツル植物を宿主としており、葉や茎がなく、ふつうの植物のように光合成によって栄養をつくりだすことをしない。栄養は宿主から得ている。

ラフレシアはそのほとんどが花である。花は植物にとっては生殖器である。葉も茎ももたず、花だけのラフレシアは生殖のみに専念して生きている植物ともいえる。

ラフレシアの花はタンパク質の腐ったような悪臭を発する。その匂いにひかれてハエがやって来て受粉が行なわれ、やがて果実が実り、そのなかに無数の種子ができる。

7 「我慢できない」という名の植物とは

「インパティエンス」(Impatiens) という学名の草花がある。インパティエンスとは「我慢できない」「耐えられない」という意味である。それは日本各地に分布している草花だが、その草花とは?

ツリフネソウ(釣船草)という植物をご存じだろうか。山間の湿地や水辺に生えている一年草で、花の形が帆かけ舟を吊り下げたように見えるところから、ツリフネソウと名づけられた。「我慢できない」という学名(実際の学名はインパティエンス・テクストリ)を持つ草花というのは、ツリフネソウのことである。

ツリフネソウにはどうして「我慢できない」という名がつけられたのか。この植物は夏から秋にかけて赤紫色の花を咲かせ、そして実をつける。その実は長楕円形で、熟すると果皮の細胞の水分が増え、果皮がパンパンにふくらみ、はじける。その力で種子が飛ばされる。

すなわち、種子が我慢できずに飛び散るところから、「我慢できない」という学名がつけられた。

8 『万葉集』でもっとも多く詠まれた花は

奈良時代中期に成立した『万葉集』は、現在最古の和歌集である。仁徳天皇から淳仁天皇までの約四五〇年間にわたる約四五〇〇首の歌が収録されており、そのなかに約一五〇種類の植物が詠み込まれている。そのうちもっとも多く詠まれた花は?

花といえばサクラがすぐに連想される。だが『万葉集』に最多の花は、サクラではない。ハギ(萩)である。ハギを詠み込んだ歌は一四一首ある。ちなみに二位はウメで一一八首、三位はタチバナで六八首、四位はオバナで四六首、五位はサクラで四〇首。

ハギは『万葉集』の時代には漢字では「芽子」と書かれていた。「萩」と書くようになるのは、平安時代になってからのようである。『万葉集』にハギが数多く詠まれているということは、万葉の人々がいかにこの花を愛していたかを、間接的に物語っている。

『万葉集』に山上憶良《やまのうえのおくら》の秋の花を詠んだ「萩の花尾花葛花《おばなくずはな》なでしこが花をみなへしまた藤袴《ふじばかま》朝顔が花」という歌が載っている。いわゆる「秋の七草」はこれに由来するが、憶良は秋の花の筆頭にハギを挙げている。

ハギは万葉の人々からたいへん好まれた。ところが平安時代になると、人々の好みはサクラへと移っていった。

9　品物のクッション材に使われた草とは

品物を送るとき、それが傷ついたり壊れたりしないように、品物を何かでくるんだり、品物のあいだに紙などを詰めたりする。江戸時代、オランダから日本へ、ガラス製品や装飾品などの壊れものを船で運ぶとき、クッション材として、ある植物が用いられた。その植物はわれわれがよく知っているものだが、それは何かおわかりだろうか。

クローバーと呼ばれている多年草がそれである。クローバーはもともと日本にはなく、江戸時代後期、クッション材として伝わった。オランダから運ばれてきた品物の箱に、クローバーを乾燥させたものがクッション材として詰めてあった。

クローバーのことをシロツメクサというが、シロはクローバーの花の色（白色）、ツメクサは「詰め草」の意味である。そのクッション材としてのクローバーが発芽し、全国に広がっていった。

10　イネにも花が咲く

イネは人間にとって大切な植物である。われわれ日本人はその種子を米として、主食にしている。そのイネにも花が咲く。しかしイネの花を見たことのある人は少ないだろう。それには理由がある。イネの花は目立たない。それが理由の一つである。

イネの花は花びらや萼片《がくへん》が退化しており、六本のオシベ、一本のメシベ、そして子房から成る。その花はシンプルにできており、地味である。植物は自ら移動できないので、風や虫や鳥などに花粉を運んでもらい、受粉している。

虫や鳥に運んでもらうためには、花びらや蜜などで誘い込まねばならないが、イネの花は風の助けを借りて受粉する風媒花《ふうばいか》である。虫や鳥を誘い込む必要はないから、目立たなくてもよい。
それに、イネの花が咲くのは午前中の二時間ほどだけである。地味なうえに、しかも開花している時間が短いため、イネの花はなかなか見ることができない。

11 切り花は、ぶら下げて持ち歩いたほうが長持ちする

花屋で切り花を買う。それを持ち歩くとき、花をどのようにして持っているか。花の部分を上にして、プラカードなどを掲げるようにして持つ人は、あまりいないだろう。花を下にして、ぶら下げて持つというのが一般的だろう。そのほうが持ちやすいが、じつはそのように持ったほうが切り花は長持ちするといわれる。それは本当の話である。

花を下向きにして持つと、なぜ長持ちするのか。

花を下向きにする、すなわち逆立ちの状態にすると、エチレンの発生量が少なくなる。植物はエチレンという物質を発生している。エチレンにはいろんな作用があり、その一つに鮮度を落とすはたらきがある。花を下向きにして持つと、水分が重力によって下方の花の部分に集まりやすくなる。そのことによってエチレンの発生量が少なくなると考えられている。

鮮度を落とすエチレンの発生量が少なくなれば、花は長持ちすることになるわけである。

12 ブタノマンジュウという名の草花とは

ある植物は和名を「ブタノマンジュウ」（豚の饅頭）という。それは冬から春にかけ大形の花を咲かせるが、その植物とは何か。それはシクラメンである。シクラメンは今日ではその名で呼ばれているが、ブタノマンジュウという和名を持っている。

シクラメンの原産地は地中海の沿岸地方。英語ではこの花は「サウ・ブレッド」（sowbread　豚のパン）とも呼ばれている。シチリア島の野生地でブタがシクラメンの地下茎を食べ荒らしていたことから、そう呼ばれるようになったという。シクラメンが日本に入ってきたのは明治時代。英語名の「ブタのパン」から「ブタノマンジュウ」と名づけられた。

美しい花を咲かせる植物の名前としては、ふさわしくない。そこで植物学者の牧野富太郎は、その花を篝火《かがりび》に見立てて「カガリビバナ」と名づけたが、ブタノマンジュウも、カガリビバナも一般には定着しなかった。

なおシクラメンという名はこの植物の学名からきており、学名のシクラメンは「回る」という意味で、花が咲いた後に花茎が螺旋《らせん》状にねじれることによる。

13　バジルの意外な利用法とは

バジルというシソ科のハーブ（香辛野菜）があり、イタリア語ではバジリコという。シソ科特有の強い香りのある葉を生《なま》で、または乾燥して使用する。トマトと相性がよく、パスタやピザなどにもよく用いられている。

バジルの原産地は熱帯アジアからインド、アフリカにかけての地域。日本には江戸時代に入ってきているが、わが国ではその種子がちょっと意外なことに使われていた。

バジルは日本名をメボウキという。その和名が、種子が何に使われていたかを示している。メボウキは「目箒」で、目の箒《ほうき》として使ったのである。ではいったい、どのようにして？

種子を水に浸しておくと、寒天状にふくらむ。それを目に入れて、目に入ったゴミを取った。すなわち、目のなかに入ったゴミを掃き出す箒として用いた。そこでバジルはメボウキという和名になった。

14　葉の表と裏が逆転するウラハグサ

ものには「表」と「裏」がある。多くの植物はいくつもの葉を持っており、葉にも表裏がある。その表裏はふつう終始一貫している。最初に表であれば終わりまで表である。ところが植物のなかには、葉の表裏が途中で逆転するものがある。

ウラハグサというイネ科の多年草がある。漢字で書けば裏葉草で、この草は葉の表と裏が変わる。

ウラハグサの葉は細長い形をしており、基部でねじれて表が裏、裏が表を向いている。すなわち、葉脈の浮き出た裏面が上になっている。葉には呼吸のための小さな穴（気孔）があり、植物によっては表にも裏にもあったり、裏にだけだったりするが、ウラハグサは表面だけにある。オオムギの葉も中途でよじれて裏返しになるが、その葉には両面に気孔がある。

アルストレメリアという南アメリカ原産の草花は、和名をユリズイセンという。その葉も葉柄の部分がねじれて、表と裏が逆になる。

15　もっとも短い名前の植物は？

アマモ（甘藻）という海草をご存じだろうか。日本各地の遠浅の海底の泥土に群生しており、別名を「リュウグウノオトヒメノモトユイノキリハズシ」（竜宮の乙姫の元結の切外し）という。カタカナでは二一字になるが、これが植物の和名のなかで、もっとも長い名である。逆にもっとも短い名は？

一字名のものがあれば、それがもっとも短いことになるが、植物の名に、はたして一字のものがあるだろうか。じつは三つほどある。一つは「イ」（藺）である。イは日本各地の湿地に生えており、畳表などの材料とされている。下に「草」をつけて、イグサとも呼ばれている。

「チ」（茅）も一字である。チはイネ科の多年草で、山野に自生しており、今日ではふつうチガヤと呼ばれているが、古語では単にチともいった。

ネギ（葱）のことをヒトモジともいう。ヒトモジは一文字で、その名はネギがもともと一字であったことに由来する。ネギは古くは「キ」と呼ばれていた。

16　サボテンは昔は石鹸だった!?

アメリカ大陸の乾燥地帯に分布しているサボテンは独特な形をしている。漢字では「仙人掌」と書くが、それはもともとは中国での名前である。中国人はサボテンを仙人の掌（手）のようだと見たのである。日本でも仙人掌の漢字を借用している。

サボテンは江戸時代に日本に渡来している。最初に伝わったのは、ウチワサボテンの仲間だったようである。サボテンという名は、本来はウチワサボテンにつけられたものだという。どうしてそんな名前になったのか。その語源についてはいくつかの説があるが、ここではもっとも有力視されている説を紹介しよう。

サボテンは江戸時代には石鹸の代わりになることが知られていた。貝原益軒の『大和本草《やまとほんぞう》』に、サボテンは「油の汚れをよく取る」とある。サボテンの茎の切り口でこすると、油汚れが落ちるそうである。ポルトガル語で石鹸をザボン（sabão）という。サボテンは人間の手のような形をしているので、ザボン（石鹸）に「テ」をつけてサボンテと呼んだ。それが転じて、サボテンになったというのである。

17　ゲッカビジンを昼に咲かせるには

花のなかには夜に花を開くものがある。オシロイバナ、オオマツヨイグサ、ユウスゲ、カラスウリ、ネムノキなどはそうだが、ゲッカビジンは夜の花としてよく知られている。ゲッカビジン（月下美人）という名も、夜中に美しい花を咲かせるところからきている。

ゲッカビジンはサボテン科の多肉植物で、夜に大きな花を咲かせ、夜半にはしぼんでしまう。その花を見るためには、夜、起きていなければならないが、昼に咲かせることはできないものか。

それは可能である。その方法を紹介しよう。ゲッカビジンは夕方、暗くなると刺激を感じて、やがて開花する。すなわち、ゲッカビジンが開花するためには、暗くなる刺激が必要である。だから暗くなる時間を変えてやればよい。

開花三日前くらいから、昼と夜を逆転させる。昼は暗い部屋に置き（あるいは箱などをかぶせて暗くし）、夜は照明を当てる。そうすると昼に開花するようになる。

18　チューリップとターバン、その深い関係とは

インド人や回教徒が頭に巻く布のことをターバンという。そのターバンとチューリップとは、ある関係がある。それはどんな関係かおわかりだろうか。ターバン（turban）とチューリップ（tulip）はどちらも英語だが、じつは語源が同じである。

英語のターバンとチューリップの語源は、ターバンを意味するトルコ語のツルバン（tülbend）である。その tülbend がイタリア語で turbante となり、フランス語の turbant を経て、英語では turban となった。

英語のチューリップもトルコ語のツルバンからきている。どうしてチューリップの語源がツルバン、すなわちターバンなのか。チューリップは十六世紀の初めのころには、トルコで広く栽培されていたようである。一五五四年、トルコ駐在のオーストリア大使によってトルコからヨーロッパに伝えられている。チューリップの花の形はターバン（＝ツルバン）の形に似ているが、チューリップはツルバンの名でヨーロッパに伝わった。オーストリア大使がこの花の名前を尋ねたとき、通訳がトルコ人のターバン（＝ツルバン）を引き合いにだしたところから、ツルバンを花の名前と誤解し、そ

の名で伝わったともいわれている。ツルバン（tülbend）はフランス語でtulipe、オランダ語でtulipa、そして英語でtulipとなった。

すなわちチューリップは、もともとはターバンという意味なのである。

19　ハスの花は音をたてて開く!?

江戸時代の俳句に「暁に音して匂ふ蓮《はちす》かな」というのがある。東京・上野の不忍池は江戸時代にはハスの名所だった。引用した俳句は、不忍池のハスを詠んだものである。

ハスは花を開くとき、ポンという音がすると昔からいわれている。この俳句でも、ハスが音を発して開花したことになっている。ハスが開花するときに音をたてるというのは本当なのだろうか。

ハスは夏に開花する。そこで俳句では夏の季語になっている。ハスは夜明けとともに開き、昼過ぎには閉じる。そうした開花・閉花を三日間繰り返し、四日目には花びらを落してしまう。

ハスの花には何枚も花びらがあり、それらが重なり合っている。開花するときには、外側の花びらから一枚ずつ開いていく。すべての花びらがいっせいに開くとしたら、音を発することもあり得るかもしれない。だが一枚ずつ開いていったら、音を発するのは不可能だろう。

20　ガマの花粉は薬の元祖

池や沼などに自生するガマ（蒲）は、茎の先に円柱状の茶色の穂（雌花穂）をつけ、その上に細い黄色の穂（雄花穂）をつける。その穂は、昔は薬として用いられていた。漢方では穂の花粉を蒲黄といい、切り傷や火傷の薬として使われ、煎じて止血剤や利尿剤に用いる。

『古事記』の「因幡《いなば》の白兎」の説話はよく知られている。大国主命《おおくにぬしのみこと》が、皮をむかれて裸にされた兎を助けてやる話である。

大国主命は兎に「今すぐ河口（川が海に注ぐところ）に行き、真水でおまえの体を洗い、そのまま河口の蒲の花粉を取って敷き、その上をころがり回れば、おまえの体はもとの膚のようにきっとなおる」と教えてあげる。兎がその教えのとおりにすると、やがて体はもとどおりになった。

この説話は古代において蒲（蒲の花粉）が、薬として用いられていたことを物語っている。ちなみにこれが文献上、本邦最初の〝薬〟でもある。

21　もっとも多くの呼び名を持つ植物は

植物の多くは、いくつもの呼び名（方言、異名）を持っている。たとえばタンポポは、フジナ、タナ、ムジナ、チチグサ、ツヅミグサともいい、レンゲソウはゲング、シャカバナ、コヤシグサ、アズキバナ、ゴクラクバナともいう。

ヒガンバナも多くの呼び名がある。ヒガンバナのことをマンジュシャゲ（曼珠沙華）という。それは古代インド語のマンジューシャカからきており、天上の花という意味である。ハカバナ、シビトバナ、ユウレイバナ、ソウシキバナなどとも呼ばれている。それらはヒガンバナが墓場によく生えていることに由来する呼び名である。

ヒガンバナの呼び名は一〇〇〇を超えるともいわれており、もっとも多くの呼び名を持つ植物とされている。ヒガンバナはその鱗茎が有毒物質を含んでいることからシタマガリ（舌曲り）、シビレバナ、ドクバナともいい、そのほかカジバナ、ステゴバナ、キツネノカンザシなどの呼び名もある。

22　バニラってどんな植物？

アイスクリーム、チョコレート、ケーキなどにはバニラ（バニラエッセンス）が用いられており、バニラという名はよく知られている。ところがその正体を知っている人は意外と少ない。

バニラは植物である。バニラ・エッセンスは今では化学的に合成されたものもあるが、もともとはバニラという植物からつくられたものである。

バニラは熱帯産のラン科の蔓《つる》性植物（草本）である。花が咲いたあと、なかに豆の入った鞘《さや》つきの実がなる。それを発酵させると芳香が出てくる。そしてさらに加工してエッセンスを取り出す。世界のバニラの半分以上が、インド洋に浮かぶマダガスカル島で生産されている。

英語のバニラ（vanilla）は鞘という意味である。その語源はラテン語のバギナ（vagina）で、バギナも鞘という意味。バニラは小さな鞘を意味する。ちなみに、女性の性器（膣）のことをバギナともいうが、それはラテン語のバギナに由来する。

23　ホトトギスという名の野草がある

「目には青葉山ほととぎす初鰹」という山口素堂の有名な句がある。ホトトギスといえば、多くの人が夏の到来を告げる鳥のホトトギスをイメージすることだろう。ところが植物にもホトトギスがある。

ユリ科の多年草に、ホトトギスという名のものがある。鳥の名前と同じなのは、この植物の花びらの紫色の小さな斑点が、鳥のホトトギスの胸の模様と似ていることによる。両方をじっくり見比べてみると、そんなに似ているとは思えないのだが、ともかく似ているということで、鳥と同じ名前がつけられている。

鳥のホトトギスは漢字では「杜鵑」と書くが、植物のホトトギスは「杜鵑草」と書き、ホトトギスと読ませている。

ホトトギスは貝にもある。ただし貝のホトトギスは正しくはホトトギスガイ。イガイ科の貝で、殻の表面にホトトギスの胸毛に似た模様があることから名づけられた。

24　一輪草、二輪草があれば三輪草もある？

キンポウゲ科の多年草に、ニリンソウと名づけられたものがある。日本各地の山林の湿った場所に生えており、春になると、白い花を咲かせる。

ニリンソウという名は、一つの茎に二つ（二輪）咲くという意味なのだが、必ずしも二輪咲くわけではない。一輪しか咲かない場合もあり、また三輪咲くこともある。

ニリンソウの仲間にイチリンソウというのがある。ニリンソウという名は、イチリンソウに対してつけられたものである。イチリンソウはニリンソウより大きな花を咲かせ、その花の数は一つの茎に必ず一つである。まさにその名のとおりである。

一輪だからイチリンソウ、二輪だからニリンソウ。では三輪のサンリンソウは？

それも存在する。イチリンソウ、ニリンソウの仲間なので、それらによく似ているが、その名のとおり花の数が三輪と決まっているわけではない。一輪の場合もあれば、四輪咲くこともある。

25　樋口一葉の「葉」は何の葉か

明治期の女流小説家、樋口一葉の「一葉」はペンネームである。彼女の本名は樋口奈津《なつ》。「浅香のぬま子」「春日野しか子」などのペンネームを使ったこともある。

明治十九年（一八八六）十五歳のとき、中島歌子の「萩《はぎ》の舎《や》」歌塾に入門。五年後、姉弟子（三宅花圃）の小説に刺激され、小説を書くことを決心したといわれている。

明治二十五年に創刊された文芸同人誌「武蔵野」の創刊号に、一葉のペンネームで「闇桜」という作品を発表している。そのころからそのペンネームを用いるようになった。

彼女はなぜ一葉としたのか。その「葉」は何の葉なのか。

樋口一葉の「葉」は、アシ（葦・蘆）の葉である。禅宗の始祖、達磨《だるま》（達磨大師）は一枚の葦の葉に乗って中国に渡ったという故事がある。それにちなんで、達磨には足がない、自分の家も貧乏で金がない（お足がない）と洒落《しゃれ》て、一葉をペンネームにしたといわれている。

26　その葉で尻を拭いたので、フキという名になった!?

フキは沖縄を除き、全国に分布しており、葉柄や花茎（フキノトウ）は食用にされている。また葉や花茎は鎮咳薬、去痰《きょたん》薬としても用いられている。

フキは北へ行くほど大形になる傾向があるという。江戸時代中期の百科事典『和漢三才図会《わかんさんさいずえ》』にフキについて「奥州津軽産は肥大にして、茎の周り四五寸、葉の径三四尺、以《もっ》て傘に代て暴風を防ぐ」とある。フキの葉は大きく、大形のアキタブキでは葉の直径が一・五メートルくらいになることもある。

昔、フキの葉は落とし紙（便所紙）としても用いられていたようである。フキの葉は大きいので紙の代わりになった。葉を日陰干しにして、あるいはそのまま用いた。

フキの語源については、冬に黄色の花を咲かせるところからフユキ（冬黄）が略されてフキになったとか、葉を傘などの代わりにする（すなわち葉を上に載せる）ところから、フク（葺く）の連用形のフキを重ねたフキフキがフフキ↓フキと変化したといった説のほかに、用便のあと拭くのにその葉を用いたことから、フキという名になったのではないかという説もある。

27　オナモミは15分の時間がわかる

植物も時間がわかる。時間の長さがわかる。植物は昼と夜の長さを感じて、蕾を形成している。たとえばアサガオの場合、昼が長くて夜が短いと蕾ができない。昼が短くて夜が長いと蕾をつくる植物は短日植物と呼ばれている。アサガオは短日植物である。反対に、昼が長いと蕾をつくる植物は長日植物と呼ばれている。

短日植物、長日植物という呼称は、日（昼）の長さをもとにした呼び方である。だが蕾ができるためには、昼の長さより夜の長さのほうが重要である。その意味では、夜の暗闇が長いと蕾をつくるのが短日植物、暗闇が短いと蕾をつくるのが長日植物ということになる。

植物は葉で夜の暗闇の長さを感じとっている。その精度はかなりのものである。オナモミというキク科の一年草がある。その実には多くの棘《とげ》があり、人の衣服や動物の体などによくくっつくことから、くっつき虫とかひっつき虫などと呼ばれているが、オナモミは短日植物である。これに八時間十五分の暗闇を与えても、蕾は形成しない。ところが八時間三十分の暗闇を与えると、蕾をつくる。つまりオナモミは、十五分の時間の長さがわかるわけである。

それはオナモミだけではない。多くの植物は十五分くらいの長さの違いを識別することができる。

28　アサガオの種をなぜ牽牛子というのか

アサガオは夏の代表的な花である。原産地はヒマラヤ山麓とされている。わが国へは奈良時代に中国から伝わったようである。『万葉集』ではアサガオが五首詠まれているが、それは現在いうところのアサガオではなく、キキョウのことだと考えられている。

アサガオが日本に入ってきたのは、観賞用としてではなく、薬用としてだった。その種子は牽牛子《けんごし》と呼ばれ、それが薬として用いられた。「牽」は引くことを意味する。したがって「牽牛」は牛を引くという意味になる。それがどうしてアサガオの種の名前になったのか。

牽牛子は漢語、すなわち中国での呼び名であり、日本でもそのまま用いた。アサガオの種は貴重な薬で、利尿剤、駆虫剤として使われたが、その種は牛と交換されるほど貴重品だった。牽牛子という名は、そこからきているといわれている。一方、牛車をひいて種を売り歩いたところから、牽牛子という名になったという説もある。

29　ウナギをつかめる秋の野草

ウナギの体にはぬめりがあり、なかなかつかむことができない。ウナギを毎日扱っている料理人ならつかむコツを知っているだろうが、素人がウナギをつかむのは無理である。

秋に花を咲かせる野草の一種に、アキノウナギツカミ（秋の鰻掴み）という面白い名をもったものがある。タデ科の一年草で日本各地の水湿地に生え、ピンク色の小さな可愛い花を咲かせる。この植物がアキノウナギツカミと名づけられたのは、その茎に下向きの刺がたくさんあることによる。

その刺は触わってもそれほど痛くはない。それを手にもってウナギをつかめば、すべらずにうまくつかむことができるにちがいない。そんな想像からアキノウナギツカミと名づけられたのである。別名、アキノウナギツルともいう。

アキノウナギツカミがあるからといって、ハルノウナギツカミや、ナツノウナギツカミというのはない。アキノウナギツカミの仲間に、ホソバノウナギツカミ、ナガバノウナギツカミというのがある。

30　高山の植物はセーターを着ている

ヒマラヤ山脈などの高山に生えている檯物のなかには、ちょっと変わった恰好をしたものがある。たとえばアルプスの高山に生えているエーデルワイスは、全身が柔らかい毛で覆われていて、厳しい寒さから身を守っている。

ヒマラヤにはセーター植物とか温室植物などと呼ばれる風変わりな植物がある。なかでもキク科のトウヒレンはよく知られている。その仲間はまるでセーターを着ているかのように、白っぽい綿毛で覆われている。

トウヒレンの一種に、学名をサウスレア・ゴシッピフォラというのがあるが、葉に白い綿毛が生えており、その葉の集まりによって、中央に位置する花が綿毛に包まれている。

トウヒレンはなぜセーターを着ているのか。それについては花を寒さから守るためとか、強い紫外線から花を保護するため、あるいは、花粉を運んでくれる昆虫に隠れ家を提供することで昆虫を誘い込むためなど、いくつかの説がある。

ちなみに綿毛に包まれたトウヒレンの内部の温度は外の気温と比べるとかなり高い。サウスレア・ゴシッピフォラを観察した例によると、外の気温が一〇度C前後のとき、内部の温度は最高三五度にも達したという。

▼草花の知ってビックリの話

31　巧妙な罠を仕掛けるマムシグサ

マムシグサというサトイモ科の野草は、マムシに似ているところからマムシグサと名づけられた。この草は茎がマムシに似たまだら模様で、その先の仏炎包《ぶつえんほう》と呼ばれている部分がマムシの鎌首に似ている。仏炎包は筒状で、そのなかに太い花軸があり、花軸の下部にいわゆる花がある。

マムシグサにはオスとメスがあり、雄株の花はすべて雄花から成り、雌株の花は雌花から成る。雄株の花粉が雌株に運ばれて受粉すれば、やがて実を結ぶことになる。

花粉を運んでくれるのは主にキノコバエの仲間。マムシグサはキノコバエのために蜜を用意していない。それなのに理由ははっきりしないがやってきて、筒状のなかに入り込んでしまう。そこには罠《わな》が仕掛けられているが、キノコバエにはわからない。

その罠とは、雄株のほうには小さな穴（脱出口）があり、そこから外に出ることができるが、雌株のほうには脱出口はない。

雄株の筒状のなかに入り込んだキノコバエは出口を探してうろつく。いったん入り込んだら、入口のほうにはなかなか戻れないようになっているので、外に出ようとして歩き回る。そのうち花粉まみれになってやっと出口を見つけ、脱出する。しかし、これでは終わらない。

無事に脱出できたキノコバエはまた別のマムシグサの筒状のなかに入ってしまう。それが雌株であれば、雌株には出口がないので、キノコバエは外に出ようとひたすら歩き回る。その結果、キノコバエが体につけてきた花粉をメシベにつけることになる。

こうしてマムシグサは受粉に成功し、脱出できないキノコバエは筒状のなかでやがて死を迎える。

32　オオイヌノフグリの受粉の裏技

オオイヌノフグリというユニークな名前の野草がある。フグリは陰嚢《いんのう》の意味である。実の形がイヌのフグリに似ていることから、イヌノフグリと名づけられた草があるが、それに対して、花が大きいところから、オオイヌノフグリという名前がついた。このオオイヌノフグリは確実に受粉・結実するために裏技を持っている。その技とは……。

オオイヌノフグリの花には、一本のメシベと二本のオシベがあり、昆虫たちに花粉を運んでもらって受粉している。

その花は細長い柄の先についており、蜜をなめにやってきた昆虫が花にとまると柄が曲がるので、昆虫はオシベやメシベにしがみつき、花粉を体につけることになり、他の花でも同じようなことをして受粉が行なわれる。

オオイヌノフグリの花の命はわずか一日か二日である。その間に昆虫が訪れなかったら受粉ができなくなる。そこでそんなときのために、裏技を用意している。

昆虫が受粉を手伝ってくれないならば自分でやるしかない。オオイヌノフグリは花を閉じる直前、オシベを曲げてオシベに接触し、自ら受粉を行なう。そうした受粉の仕方を同花《どうか》受粉という。オオイヌノフグリは自分でも受粉ができるので、結実率は九五パーセント以上である。

33　花粉を自分ではじき飛ばす花もある

花にとっての生殖活動の第一歩は、オシベの花粉をメシベに付着させることである。花は自分で動くことができないので、昆虫や鳥などに花粉の運搬を頼んでいる。だがなかには、自分で花粉をはじき飛ばしている花もある。たとえばイラクサ科のカテンソウ（花点草）がそうである。

カテンソウは低山などの林のなか、野原、道端などに群生している。いちばん上の部分に花（雄花）があるが、それはたいへん地味である。お世辞にも美しいとはいえない。植物が昆虫や鳥などに花粉を運んでもらうためには、それらの目にとまるように、目立っているほうがいいが、カテンソウは昆虫に花粉を運んでもらっていない。だから目立つ必要はない。

カテンソウの雄花は花びらが五枚で、オシベが五本ある。そのオシベは花の中心に向かって曲がっており、それがまっすぐ伸びるとき、その勢いによって花粉が空中に飛ばされる。そしてはじき飛ばされた花粉は、風によってさらに遠くへ運ばれていく。

34　マツバボタンはダンスをして花粉をつける

園芸植物として人気のあるマツバボタンは南アメリカ原産の一年草で、暑さに強く、夏に赤、黄、橙、白など色とりどりの花を咲かせる。

真夏の強い日差しのなかでも花を咲かせるところから、日照草《ひでりぐさ》、日中花《にっちゅうか》とも呼ばれている。英語ではイレヴンーオクロック（十一時）という。その名はマツバボタンが午前十一時に花を閉じることによるが、品種によっては夕方まで開いているものもある。

マツバボタンは運動をすることでも知られている。オシべがダンスをするのである。この植物は直径三センチくらいの花を開く。花びらは五枚あり、メシベは一本で、オシベはたくさんあり、放射状に開いている。そのオシベに触れると、いっせいに刺激を受けた方向に傾く。

昆虫などが蜜に誘われて訪れ、オシベに触れると、昆虫のほうにオシベが倒れかかり、昆虫はその体に花粉をたくさんつけられることになる。刺激の方向にいっせいに動くオシべの様子は、ダンスでもしているかのようである。

35 カタバミの種子は発射装置を備えている

クローバーに似た葉を持つカタバミという多年草がある。カタバミは日が陰ったり、夜になったりすると、三枚ある葉が閉じ、葉の片側が食べられたように見える（食べることを「食《は》む」ともいう）。そこでカタバミ（傍食）と名づけられた。この葉で鏡を磨いたということからカガミグザ（鏡草）ともいう。

カタバミは五月から九月にかけて黄色い花を咲かせ、咲き終わると筒状になって実を結ぶ。その実はロケットのような形をしており、空に向かって立つ。そのなかに小さな種子がたくさん並んでおり、その一つ一つが発射装置を備えている。種子は白い袋に包まれている。それが発射装置である。

種子が熟するころ、実に触れると、実のなかから種子が飛び出してくる。触れることによる振動で、発射装置が作動する。すなわち種子を包んでいる袋が破れて反転し、その圧力によって種が勢いよくはじき飛ばされる。

それだけではない。袋のなかに充満していた粘着性物質も種子とともに飛び出し、それが瞬間接着剤の役目をはたす。人がカタバミの実に触れると、種子が靴や衣服に付着することになる。

36 偵察してから、メインの花を咲かす野草がある

ハルトラノオ（春虎の尾）という面白い名前の野草がある。この植物は春に花を咲かせるが、その花穂が虎の尾に似ている。ハルトラノオという名はそこからきている。イロハソウ（いろは草）という別名もある。そのイロハは、イロハ四七文字のイロハのことで、「最初」を意味する。すなわち早春、イのいちばんに花を咲かせるので、イロハソウというわけ。

ハルトラノオの花の咲き方には、ちょっと面白いところがある。この植物は多年草で、地上の葉や茎は秋に枯れてしまい、根茎の一部を露出したまま越冬し、一月上旬、根茎から

花茎が数センチ伸び、数個の花をつける。そして二月中旬から三月ごろになると、花茎が新しく伸びてくる。この花茎は最初の花茎よりもずっと長く、そして太く、それぞれの花茎には最初の花よりも大きな花がたくさんつく。

小さな花を少しだけ咲かせた後に、大きな花をたくさん咲かす。その小さな花はいったい何なのか。

じつは大きな花がハルトラノオのメインの花であり、最初の小さな花は偵察のための花である。まず小さな花をちょっとだけ咲かせてみて、寒さ（気候）などを偵察する。それをもとにメインの花を咲かせるわけである。

37　種子を遠くへ飛ばすショウジョウバカマの知恵とは

花を咲かせた後、茎（花茎）をグーンと伸ばす植物がある。ユリ科の多年草のショウジョウバカマ（猩々袴）がそうである。

この野草は雪解けと同時に、花茎を一〇センチほど伸ばして花を咲かせる。花が咲いたままその茎はやがてどんどん伸びていく。そして花が終わるころになると、五〇センチくらいの高さになる。一メートル近くになるものもある。ショウジョウバカマはなぜ花茎を伸ばすのか。

それは種子を遠くへ飛ばすためである。花が終わり、種子ができる。花茎が高く伸びていると、風が吹けば大きく揺れるので、種子を遠くへ飛ばすことができるわけである。

ショウジョウバカマは種子で子孫を増やすとともに、他の方法でも増やしている。この植物は分裂して分身をつくることができる。すなわちクローンである。

葉の先端に小さな芽ができ、それが根を下ろして増えていく。それを人間にたとえれば、人間の体の一部から子供が生まれるようなものである。

38　踊りを踊る不思議な植物

風もないのに、手も触れていないのに、葉が動きだし、踊るように旋回する。そんな珍らしい植物があり、マイハギ（舞い萩）という和名がつけられている。

マイハギはインドやベトナムなどアジアの熱帯地方に自生するマメ科の多年草で、わが国の山野に生えているヌスビトハギ（盗人萩）の仲間である。ハギの花や葉に似ており、高さは一メートルくらいになる。

その先端部についている葉がどうしたわけか、ゆっくりと回転し、舞いだす。それはまるでモーターで回っているかのようであり、九〇秒～一分くらいで一回転する。

マイハギはなぜ旋回するのか。その踊りには温度と湿度が関係しているらしい。湿度が高く、温度が三〇～三五度Cのとき、もっともよく動き回る。温度と湿度によって葉の付け根の部分の細胞の液圧が変化する。マイハギの葉が回転し、踊りを踊るのはそれが原因だという。

39 アリをボディーガードに雇う植物

山菜としておなじみのワラビは、早春にこぶし状に巻いた若芽（新芽）を出して、それが食用にされている。ワラビは若芽のころが食べごろで、若芽時をサワラビという。

ワラビには発ガン物質が含まれていることがわかっている。それはプタキロサイドという物質だが、ネズミを用いた実験によって、ガンを誘発することが解明されている。

ワラビを食べるときにはアク抜きをする。そうすると、その物質は一〇〇パーセント分解されるので、人が食べても問題はない。ワラビはなぜ、そうした毒性の物質を持っているのか。

それは自らを守るためである。他の生きものに食べられないためである。だがなかには、その毒にも平気なものがいて、ワラビを食べようとする。そこでワラビはアリをボディーガードとして雇う。若芽に蜜腺をつけ、アリを誘う。蜜はアリが大好きな食べものである。アリは蜜を食べながら、ワラビを食べにやってくる虫たちを排除する。

アリをボディーガードとして雇っているのは、ワラビだけではない。熱帯の植物にはそうしたものが多く、アカシアの仲間のなかには、蜜を提供するだけでなく、茎や棘《とげ》のなかを空洞にし、住いとしてアリに提供しているものもある。

40 アリに種子を運ばせるスミレ

スミレの仲間の多くは、種子ができるとそれをはじき飛ばす。花が終わった後、実がなり、それが熟して割れ、種子が姿を見せると、やがてその種子は次々にはじけ飛んでいく。種子はその後どうなるか。

スミレが飛ばした種子には、じつはある仕掛けがされている。スミレははじき飛ばした種子をさらに遠くへ運んでもらいたいと思っている。その運搬役として、スミレはアリを選んだ。しかし運んでもらうためには、まずアリをその気にさせなければならない。

スミレが飛ばした種子にはアリが好きな物質（脂肪酸）が付着している。それを専門用語でエライオソームという。種子に付着する物質におびき寄せられたアリはそれを巣へ運び、付着物質を食べると、種子の本体は巣の近くに捨てる。こうして種子は遠くへ運ばれていくことになる。

なお、ホトケノザ、ムラサキケマン、イカリソウなども、種子にアリが好むエライオソームをつけている。

41 アスファルトも突き破る雑草の強さの秘密

雑草はたいへんたくましい。人や車に踏まれてもちゃんと生きており、環境のよくないところでもしっかりと根を下ろしている。また雑草のなかには、アスファルトの路面を突き破って生えているものもある。

草の茎などは手で触れてみると柔らかく感じられる。硬いアスファルトを突き破るほどに強いとはとても思えない。雑草はどうしてアスファルトなどの硬い路面を割って出ることができるのだろうか。その秘密は雑草の細胞にある。

植物の細胞の圧力は、五〜六気圧から一〇気圧以上もある。ちなみに車のタイヤの気圧は二気圧くらいである。その何倍もの気圧だから、檣物の細胞圧がいかに高いものであるかがわかる。

植物は土壌中の水分を細胞の吸水力（圧力）によって取り込み、水分を吸収すると細胞内はふくれ上がり、細胞壁を押し広げようとする。その圧力を膨圧《ぼうあつ》という。植物はたいへん丈夫な細胞壁を持っており、高い圧力（膨圧）を持つことができる。五〜一〇気圧もの圧力で植物が伸びていけば、アスファルト路面をも突き破ってしまう。

42 ネジバナの恐るべき戦略

花茎がねじれながら花をつけているネジバナは、たくさんの種子をつくる。ネジバナの実は長さが六ミリほどの紡錘形《ぼうすいけい》で、そのなかにじつに数十万個の種子が入っている。ちなみに種子一個の重さは〇・〇〇〇九ミリグラム。実が熟すると裂け、微細な種子は風に舞いながら散布される。

ところがネジバナの種子には問題がある。種子は発芽に必要な栄養分を保持していない。だから自分だけでは発芽できない。

ネジバナの種子はどうするのか。自分だけで発芽できなければ、だれかに助けを借りなければならない。ネジバナはラン菌というカビの一種の助けを借りて芽を出す。種子が風に運ばれ、どこかに着地し、土中でラン菌と出会うと、自分の体にラン菌を寄生させ、菌糸《きんし》を体のなかに入り込ませ、その菌糸から栄養分を吸収して育ち、発芽する。幼芽もなおラン菌から栄養をもらって育ち、そして光合成によって栄養分をつくりだせるようになると、ラン菌は必要なくなる。ネジバナはラン菌をどうするか。

その後も両者は一緒に暮らす？　そんなことはしない。ネジバナは育ててもらったラン菌を食べてしまう。すなわちラン菌を分解して吸収し、自分の栄養にするのである。

43　セイタカアワダチソウの化学戦略

動物でも植物でも、外来種は生命力が強い。植物では、たとえばセイタカアワダチソウがそのよい例である。この植物は北アメリカ原産のキク科の多年草で、秋に小さい黄色の花を咲かせる。

明治時代にまず観賞用として輸入され、戦後になって雑草として勢力を広げていった。北九州に進駐した米軍の貨物に混じっていた種子から広がりはじめたといわれている。

帰化植物は一〇〇〇種を超えるが、セイタカアワダチソウはそのなかでもっとも成功した植物の一つである。この植物はなぜこれほどまでに増え、広まることができたのか。

植物のなかには特別な化学物質を出して、他の植物の生育をコントロールしているものがある。セイタカアワダチソウもそうである。この植物は根からデヒドロマトリカリアーエステルという物質を分泌し、他の植物を阻害する。それがセイタカアワダチソウの成功の要因の一つである。

44　ザゼンソウは自ら発熱し、花の温度を保つ

人間をはじめとする哺乳類は発熱して体温を一定に保っている。鳥類もそうだが、じつは植物のなかにも熱を発して、温度を保っているものがある。ザゼンソウという植物をご存じだろうか。発熱する植物というのはザゼンソウである。

ザゼンソウ（座禅草）はサトイモ科の多年草で、その花の形が達磨《だるま》禅師の座禅の姿を想像させるところから、その名がついたといわれている。ザゼンソウは同じサトイモ科のミズバショウと花の形がよく似ており、フードをかぶったような姿をしている。三月から五月にかけて花を開き、周囲に残っている雪をその熱によって溶かすこともある。

ザゼンソウの花の中央に、団子のようなものがある。それは肉穂花序《にくすいかじょ》と呼ばれているもので、ザゼンソウはそこで発熱しており、気温が氷点下になっても花の温度を二〇度C前後に保つことがわかっている。ではどうしてそんなことをするのだろうか。

ザゼンソウは早春の雪解け直後に花を咲かせる。そのころはまだ寒い。ザゼンソウが発熱し、花を温かくするのは、昆虫を誘って、花粉を運んでもらうためと考えられている。

45　スミレが確実に子孫を残す法は

スミレは春を代表する草花の一つである。四月から五月にかけて紫色の花を咲かせる。スミレの花にはハナバチの仲間が蜜を吸いに訪れ、花粉を運んでくれる。ハナバチによってオシベの花粉をメシベが受け、交配が成立すると、やがて種子ができる。

花粉の運搬を昆虫に頼っている植物は、昆虫が訪れないと、受粉できず、したがって種子がつくれないことになる。そこで植物のなかには、種子を確実につくる方法を生みだしているものがある。たとえばスミレがそうである。

ふつう花は、他の個体のオシベの花粉をメシベが受ける。そうした花を「開放花」という。それに対し「閉鎖花」という花がある。スミレは春に花を咲かせるが、花が終わったあとしばらくすると、また小さな蕾が出てくる。しかしこの蕾は閉じたままで、そのなかでオシベとメシベが接して受粉(同花受粉、自家受粉)し、種子をつくる。そのように花の開かないものが閉鎖花である。

閉鎖花は確実に子孫(種子)を残すための花で、閉鎖花が実を結ぶ(種子をつくる)率は、ほぼ一〇〇パーセントである。

46　自家受粉を防ぐ、ヤナギランの巧妙な仕組みとは

ヤナギランという草花をご存じだろうか。日当たりのよい高原の草むらに自生し、夏にピンク色のたいへん美しい花を咲かせるアカバナ科の多年草である。

花が自分の花粉で受粉することを自家受粉という。自家受粉は確実に受粉できるというメリットがある反面、自家受粉によって生まれる子孫は生存力や繁殖力が劣ることが多いというデメリットがある。そこで植物は自家受粉を避け、他の個体の花粉によって受粉しようとする。

ヤナギランは自家受粉しないための巧妙な仕組みをもっている。その仕組みとは……。

ヤナギランの花は四枚の花びらからなり、まずオシベが成熟して、花の前に突き出て花粉を出す。そのときメシベは未成熟で、下を向いたままで花粉を受けない。数日たつと、前方に突き出ていたオシベはしおれて、だらりと垂れ下がる。そして今度はメシベが成熟し、柱頭を四つに開いて花粉を受けるようになる。

ヤナギランはオシベとメシベが成熟するタイミングをず

らすことで、自家受粉を防いでいるのである。

47 ハエトリソウの驚きの捕虫術

植物の葉は虫によく食べられるが、食虫植物は葉が虫を食べる。食虫植物は世界で約五五〇種が知られ、日本にも二一種が自生している。食虫植物の一種、北米大陸東海岸の一部地域にのみ分布しているハエトリグサ（ハエジゴク）はハエを捕え、それを栄養としている。その捕え方がじつに巧妙である。

ハエトリソウの葉は二枚貝のような葉で、ハエがやってくると、中央の折れ目で左右の葉が閉じ、ハエをはさみ込む。では風に飛ばされてきた木の葉やゴミなどが葉の上に落ちたとき、ハエトリソウはハエと勘違いすることはないのだろうか。

ハエトリソウの葉の緑にはトゲ状の突起があり、また葉の内側に左右それぞれに感覚毛と呼ばれる毛が三本生えている。その感覚毛に短時間（二〇〜三〇秒）のうちに二度以上の接触があると、ハエトリソウは葉を閉じ、ハエをはさみ込む。一度だけの接触では閉じない。ハエは動き回るので、感覚毛に何度も接触することになる。

一方、風に飛ばされてきた木の葉やゴミなどは、葉の上に落ちたら動き回ったりしないから、短時間に感覚毛に二度触れるということはあまり起こらない。だからそれらが葉に落ちてきても反応しない。

48 凹面鏡を使って温度を高めるフクジュソウ

早春に黄金色の花を咲かすフクジュソウ（福寿草）は、ガンジツソウ（元日草）とも呼ばれている。この花は旧暦元日のころに開花し、正月の床飾りとして用いられている。新年を祝う花とされたところから、福寿（幸福・長寿）という名がつけられたといわれている。

フクジュソウはキンポウゲ科の多年草で、その花は中央が凹《くぼ》んでいて、凹面鏡、あるいはパラボラアンテナのような形をしている。その形には意味がある。

フクジュソウは凹面鏡のような形をした花びらで、太陽の光を集めている。花の内部の温度を測ってみると、外部の温度より高い。フクジュソウは花びらが太陽の光（熱）を花の中央に集め、花の内部の温度を高くしているのである。なぜそんなことをするのか。

フクジュソウの花には蜜はないが、花粉を狙ってハナアブの仲間がやってくる。ハナアブが花粉をなめている間、凹面鏡の花びらで集めた太陽熱でハナアブの体を温めてやる。

体が温まったハナアブは活発に動き回り、花粉を体に付着させ、それを媒介することになる。

　フクジュソウが花の内部の温度を高くするのは、虫の体を温めるためだけではなく、オシベも温めてその生理反応を高め、種子ができる率を上げているとも考えられている。

49　ベゴニアの騙しのテクニックとは

　植物は子孫を残すために、それぞれ工夫している。ベゴニアという名の草花がある。アメリカ原産の多年草で、多くの園芸品種が作り出されているが、この草花もちゃんと工夫をしている。その工夫とは……。

　ベゴニアの花にはオスとメスがある。すなわち、同一の株に雄花と雌花をつける。まず雄花が咲く。雄花の花びらの数は四枚で、多数のオシベがある。雌花の花びらは五枚で、花びらの下に子房がある。雄花には蜜がない。だが雄花はオシベに花粉をつけているので、それを食べに虫（ハナアブ類）がやってくる。

　一方、雌花のほうも蜜はなく、雌花は花粉も持っていない。つまり虫たちのエサとなるものを持っていない。それでは虫たちを誘い込むことができない。

　そこで雌花は、メシベをオシベに似せた。ベゴニアのメシベはオシベとそっくりである。虫たちがオシベだと思ってメシベにやって来る。このとき、体につけてきた花粉がメシベに付着することになる。

50　1年のうち10か月は寝て暮らす草花

　人間は一日に六～八時間ほど眠っている。六時間と仮定すれば、一年のうち三か月間は寝ていることになる。人間同様、植物も眠る。そして植物のなかには、一年の大部分を眠って暮らしているものがいる。

　たとえばカタクリがそうである。カタクリはユリ科の多年草で、その地下茎からデンプンが採れる。それを片栗粉という。

　この横物の花の時期は三月から五月の間。雪が溶けて地肌が現われると、カタクリは地上に姿を現わす。芽を出し、葉を広げ、ローズピンクの花を咲かせる。そして葉で養分をつくり、地中の鱗茎《りんけい》に蓄え、それを翌年の活動に用いる。花を咲かせたカタクリは受粉し、種子をつくり、やがて枯れ、地上から姿を消し、次の春まで約一〇か月間、地中で休眠して過ごす。

　春のわずかな間だけ活動するところから、カタクリのような生き方をしている植物はスプリングーエフェメラル（春のはかない命）と呼ばれている。

キンポウゲ科のアズマイチゲ、キクザキイチゲ、セツブンソウ、ユリ科のアマナ、ケシ科のエゾエンゴサクなども、スプリングーエフェメラルである。

51　セキショウモのユニークな受粉の方法とは

日本各地の池沼などに自生しているセキショウモ（石菖藻）は、たいへんユニークな方法で受粉する。

この水生多年草は、葉の形がサトイモ科の常緑多年草のセキショウに似ていることから、そのような名前になった。モ（藻）という名がついているが、いわゆる藻類ではない。そのモは水生植物の総称である。

セキショウモの受粉は、どこがユニークなのか。

この植物は雌雄異株で、夏から秋にかけて開花する。雌株は根元から長い柄《え》を伸ばし、その先に花をつけ、水面に出て開花する。一方、雄株のほうは根元の近くに雄花のもとが生じ、花期になると花床を離れ、水面に浮き上がって開花する。そして水に流され、風に吹かれて水面を浮遊し、雌花と出会い、接して受粉する。

沖縄の八重山諸島の遠浅の海に、ウミショウブという植物が生えている。この水生植物は八重山諸島だけに見られるもので、セキショウモと同じくトチカガミ科の植物であり、セキショウモと同様の方法によって受粉している。

52　小石に化けた砂漠の植物

植物の多くは葉で光合成を行ない、養分を得ている。植物が生きていくためには葉が必要である。ところが植物の葉は昆虫や動物にとっては餌でもある。そこで植物は食べられないように、いろいろ工夫している。

アフリカの砂漠に小石に似た植物が生えており、英語でペブルプラント（ペブル＝pebbleは小石を意味する）と呼ばれている。植物学では（マミズナ科リトプス属に分類されている。葉を食べられないためにはどうしたらいいか。

この植物は、葉がないふりをすることにした。葉が動物に食べられるなら、葉を隠してしまえばいい。葉が葉とわからないようにすればいい。そこでペブルプラントは葉を小石に似せることにした。

ペブルプラントは直径数センチの多肉質の葉を一対だけ、地面すれすれに出す。その葉の色と形は周囲の石ころとそっくりである。人間でも石と間違えるくらいで、動物にはそれが葉だとはわからない。

53　葉っぱが子どもを産む、変わった植物

植物の一般的な生殖の形は、オシベの花粉をメシベが受粉し、種子をつくり、子孫を残す。だがなかには、植物の体の一部が新しい個体になるものもある。たとえば、マダガスカル島原産の常緑多年草のコダカラベンケイがそうである。

コダカラベンケイは多肉質植物で、八〇～一〇〇センチくらいの大きさになり、長さ一五センチ前後の長三角形の葉の縁は、ノコギリの歯の形をしている。その歯のくぼみに芽（無性芽、不定芽）ができる。それぞれのくぼみにできるので、一枚の葉では七〇～一〇〇個もの芽ができ、一株だとかなりの数になる。

その芽が風に吹かれ、あるいは何かが触れて地面に落ちると、すぐに根づいて生長する。コダカラペンケイは葉から子どもが生まれている。その子どもは親と同じ遺伝子を持ったクローンである。

コモチシダやショウジョウバカマなども葉の先に芽が生じ、それが地面に落ちて根を下ろし、増えている。

54　ランは睾丸を持っている

イヌノフグリという名の野草があり、その仲間にオオイヌノフグリ（「32　オオイヌノフグリの受粉の裏技」参照）、タチイヌノフグリがある。そのフグリは睾丸《こうがん》（陰嚢《いんのう》）を意味する。

花が咲いたあと実がなるが、その実の形が雄犬のフグリ（睾丸・陰嚢）に似ているところから、イヌノフグリと名づけられた。ひどい名前をつけられたものだが、実物を見ると、たしかに犬の睾丸によく似ている。

植物のなかでもっとも種類が多いのは、ラン科の植物である。日本では約二〇〇種、世界では約二万種が知られている。そのランも睾丸を持っている。ただし、その睾丸は、なかなか目にすることはできない。ランの睾丸は土のなかにある。

ラン（蘭）のことを英語ではオーキッド（orchid）、あるいはオーキス（orchis）といい、両方とも睾丸を意味するギリシア語のオーキス（orkhis）から派生した言葉である。なぜ睾丸なのか。

ランの対になったその塊根が睾丸にそっくりだからである。

55　クズは葉を閉じて昼寝をする

仕事が休みの日の昼食後、昼寝をする人もいるだろう。昼寝には心地よさがあるが、昼寝をするのは人間だけではない。植物も昼寝をする。

たとえばクズ（葛）がそうである。クズは日本各地の山地に自生するマメ科の多年草で、その根を干したものを葛根《かっこん》といい、漢方では風邪薬として用いられている。

クズの葉は三枚の小葉からなる複葉で、光の強弱によってその葉を閉じたり開いたりする。植物の多くは葉で光合成を行なっているがクズもそうである。

クズは曇り空の日中は葉を平らに開き、光をたくさん取り入れようと、光線が葉面に直角に当たるようにする。ところが光の強い晴天の昼間は、葉を上へ立てて閉じる。すなわち昼寝をする。そうして葉に当たる光の量を少なくする。昼間の強すぎる光を避け、葉は昼寝をするのである。そして夜になると葉を下に垂らし、葉から水分が出ていくのを防ぎながら眠る。

葉を開いたり閉じたりする睡眠運動は、クズをはじめとするマメ科の植物や、カタバミ科の植物によく見られる。

56　腐った肉に化ける植物の、その目的とは

ヒトデの形に似た花を咲かせるスタペリアという名の植物がある。南アフリカ原産の多肉植物で、その花は大きくて星形をしており、赤褐色である。そしてその花は、腐った肉のような悪臭がする。しかも白っぽい毛が生えていて、まるで腐肉に生えたカビのように見える。

要するに、スタペリアは腐った肉に化けているわけである。どうしてそんなことをしているのか。それは腐肉を好む虫を誘い込むためである。

スタペリアが花を咲かせると、その匂いに引かれてハエがやってきて、花に卵を産みつける。スタペリアはハエに産卵場所を提供する代わりに、花粉を運ばせる。ハエが腐肉と思って訪れ、花のなかを歩き回り、花粉を体に付着することになる。その結果、受粉が起こる。

卵からかえったハエの幼虫が花のなかを動き回ることで、オシベの花粉をメシベに着けているともいわれているが、実際にはそういうことは起きていないとの意見もある。

57　転がりながら旅をする回転雑草

動物はその名のとおり動き回る生きものだが、植物はたいてい動かずに生まれた場所にずっといる。ところが植物なのに、よく動き回るものがある。

アメリカ西部の砂漠に、バードゲージプラントと呼ばれるアカバナ科マツヨイグサ属の二年草が生育している。この植物は転がりながら旅をする。

砂漠に根を下ろしているバードゲージプラントは、砂が吹き飛ばされて根がむき出しになったり、それまで日陰だったのが日光にさらされたりすることがある。そうなると、やがて枯死することになる。枯れると四方に伸びていた茎が丸まって球状のカゴみたいになり、風が吹くと砂の上を転がりながら旅をする。そして風の影響を受けないところへ運ばれていき、そこに落ち着く。

バードゲージプラントは種子を携えている。バードゲージプラント自身は死んでしまっているが、種子がその場所に落ち、やがて芽を出す。

バードゲージプラントのように回転しながら移動していく植物は「回転草」と呼ばれている。サハラやシリアの砂漠などにエリコノバラと呼ばれるアブラナ科の植物が生えているが、それも回転雑草の一種である。

58　旅人を泣かせるツノを持った植物

北アメリカ南部からメキシコ、ブラジルにかけて、英語でユニコーンプラント（unicorn plant）と呼ばれる一年草が分布している。この植物は観賞用に栽培されていて、日本名をツノゴマ（角胡麻）といい、タビビトナカセ（旅人泣かせ）という別名もある。

この植物は花後に実をつけるが、その実に特徴がある。ツノゴマの実はツノ（角）を持っている。果実の一方側に一本の長いツノが生えていて、まるで動物のツノのようである。英名のユニコーン（一角獣）は、そこからきている。ツノを持っていて、全体がゴマ（胡麻）に似ているところから、日本ではツノゴマと呼ばれている。

ツノゴマの一本の角は、枯れてくると二本に分かれる。その角はたいへん堅く、動物が踏みつけると、足に刺さる。刺さると痛いので、振り払おうとすると、実から種がこぼれ落ちる。こうして種が散布されることになる。

旅人がツノゴマの実を踏んでしまい、足に刺さったら、痛い思いをすることになる。タビビトナカセという別名は、そんな意味から名づけられたものである。

59　ドクダミの花はイミテーション

　暗い木陰や庭の隅などに生えているドクダミには独特の匂いがあり、嫌う人が多い。だがドクダミのその葉は古くから利尿剤として、あるいは腫《は》れものの薬などとして用いられており、「十薬」「医者殺し」とも呼ばれている。ドクダミの匂いは強烈だが、その白い十字型の花はなかなか可憐である。葉はハートの形をしている。

　ところで今、白い十字型の花と言ったが、その表現は正しくない。白い花びらに見えるのは、じつは花びらではなく、花に付随した葉が変形したもので、苞《ほう》（苞葉）と呼ばれている。ドクダミの花は茎の先端の穂にある。そこにオシベとメシベだけの小さな花をたくさんつけている。花びらのように見える苞は、昆虫を誘い花粉を運んでもらうために、花びらのように変化した。

　ところがドクダミのなかには三倍体（三セットの染色体を持つもの）のものがある。日本のドクダミがそうであり、三倍体のドクダミは昆虫が花粉を運んでくれても、受粉しないので種ができない。日本の三倍体のドクダミは受粉・受精をせずに種をつくっている。そうした方法を「単為《たんい》生殖」という。

　ドクダミは昆虫を誘引するためニセの花びらをこしらえたのだが、単為生殖する三倍体のドクダミにとっては、それは無駄なことである。

60　百獣の王ライオンも殺す植物がある

　ライオンは百獣の王と称されている。そのライオンもかなわない生きものがいる。その生きものは日本では「ライオンゴロシ」（ライオン殺し）と呼ばれている。それはいったいどんな生きものなのか。

　じつは動物ではなく、植物である。植物が百獣の王たるライオンを殺すなんて、信じられないかもしれない。

　ライオンゴロシは南アフリカの乾燥地に生えているゴマ科の多年草で、その学名を「ルパゴフイトン・プロカムベンス」（巨大な逆さに曲がったトゲを持つ植物という意味）という。

　その果実の形はたいへん変わっている。果実は木質で、その本体は長さ約五センチ、幅約二・五センチで、本体から一五本ほどの突起が伸びており、その先端にカギ爪がついている。

　ライオンがその植物が生えているところを歩いて果実を踏んでしまい、足に刺さる。それを口で抜こうとして口に入れたりすると、唇に刺さって抜けなくなり、食べものが食べられなくなったりすると、餓死することになる。

　ライオンを殺してしまいかねない植物。そこでその植物は、「ライオンゴロシ」と名づけられている。

▼草花のしっているようで知らない話

61　ツユクサはなぜ露に濡れているのか

夏の早朝、青色の可愛い花を咲かせるツユクサ（露草）は、その葉が露に濡れており、露が消えて昼ごろになると、花はもうしぼんでしまう。ツユクサという名は一説に、この植物がよく露を保つからだという。

冷え込んだ朝、空気中の水蒸気が凝結し、地面や植物の葉に水滴が生じることがある。いわゆる露と呼ばれるものだが、草や木などはそれ自身でも露を生じさせている。植物は昼間はせっせと光合成をしている。太陽の光をエネルギー源として、根から吸い上げた水と、気孔から取り入れた二酸化炭素から炭水化物をつくっている。夜になると太陽光がないので光合成ができない。夜、植物たちは水を吸収し、葉に水分を補給する。それは植物にとって夜の大事な仕事である。頑張って水を吸収し、葉にためこむ。そして余分な水は葉から外に出す。ツユクサの露がそれである。ツユクサは葉から水を出すことが盛んなため、葉がよく露に濡れている。

62　スミレはなぜ長い距を持っているのか

日本はスミレの宝庫で、五〇種以上が自生している。世界中では四〇〇～四五〇種だから、日本はまさにスミレ王国である。

スミレは五枚の花びらを持っており、横から見ると、後方に長い尻尾のようなもの（筒状のもの）が伸びている。それを専門用語で「距」という。

テングスミレ（ナガハシスミレ）などはたいへん長い距を持っている。野山でよく目にするタチツボスミレは距の長さは六～八ミリだが、テングスミレの距は一～二・五センチもある。その伸びた距が天狗《てんぐ》の鼻のようであることから、テングスミレと呼ばれている。

スミレはどうしてそんなに長い距を持つ必要があるのか。距のなかには蜜があり、（チなどが訪れて、口を距のなかに入れて蜜を吸い、このとき花粉を体に着け、運ぶことになる。ところがなかには、後ろの距をかじって穴を開け、そこから蜜を吸うものもいる。つまり蜜泥棒をする。しかし距が長いと、蜜がどのあたりにあるかがわかりづらくなる。

ある調査によれば、テングスミレの長い距から蜜を盗むものはいなかったという。スミレの長い距は蜜泥棒を防ぐのに役立っていると考えられている。

63　ネジバナはなぜ捩れているのか

ラン科の植物にネジバナ（捩花）という野草がある。カトレアの花の形に似た唇形のピンク色の花をたくさん咲かせるが、その花はまるで棒に巻きつくかのように、茎に螺旋《らせん》状についている。すなわち花茎が捩《ねじ》れながら花をつけている。

その捩れ方は一定していない。右巻きのものもあれば左巻きのものもあり、同じ株から出た花のなかにも、右巻きと左巻きが混じっていることもある。捩れ方は遺伝によるものではない。

ネジバナはどうして捩れているのだろうか。ネジバナの花はカトレアとそっくりだが、一つ一つの花は小さく、それらが連続して螺旋を描いている。ハチやチョウなどがこの花を訪れ、花粉を運ぶ。

ハチが花のなかに入りやすいように、花は横向きに咲いている。ネジバナの花はたいへん小さい。だから集まったほうがハチによく見える。しかし、花がすべて一方を向くと、茎はそちら側に傾くことになる。そこでネジバナは螺旋状に捩れながら花をつけることにした。

64　セイヨウタンポポはなぜ強いのか

タンポポといえばセイヨウタンポポを指すほど、現在もっともよく見られるタンポポになっている。

セイヨウタンポポは明治時代のはじめころ、北海道の牧場に導入されたのが日本における第一歩だという。それが野生化し、全国各地に広まっていき、今や在来のタンポポを圧倒するまでになっている。セイヨウタンポポはどうしてそんなに強いのか。

セイヨウタンポポは、この植物ならではの性質を備えている。春だけではなく夏から冬にかけても開花・結実し、種の発芽温度域が広く、いつでも発芽することができ、成熟するのが早い。

生殖においても在来種とは違いがある。日本在来のタンポポは他の花の花粉で受粉しないと結実せず、種子をつくることができない。ところがセイヨウタンポポは、花粉を受けなくても種子を自分でつくることができる。そしてその種子は在来種に比べて軽く、遠くまで飛ぶことができる。

そうした繁殖力の強さによって、セイヨウタンポポは勢力を拡大していったのである。

65　ヒガンバナはなぜ葉がないのか

ヒガンバナは秋の彼岸《ひがん》のころに花を開く。そこでヒガンバナという。

この花は田の畦《あぜ》、土手、墓地などによく生えており、よく見ると不思議なことに葉がまったくない。どのヒガンバナもそうである。ヒガンバナは細長い茎の先に真っ赤な花を咲かせるが、じつはヒガンバナにもちゃんと葉がある。

秋になるとヒガンバナは茎をすくすくと伸ばす。一週間で五〇センチくらい生長し、そして開花する。そのときヒガンバナは葉をつけていないが、花が咲き終わると葉っぱが生えてきて、葉を伸ばしたまま冬を越す。

多くの草は冬になると地上部を枯らして休眠しているので、ヒガンバナは他の草に邪魔されることなく、たっぷり光を浴びることができ、光合成して根球に栄養を蓄える。そして葉は春になると枯れて姿を消す。

ヒガンバナのことをハミズハナミズともいう。「葉は花を見ず、花は葉を見ず」（花が咲くときには葉がなく、花と葉は出会わない）という意味である。

66　お月見になぜススキを供えるのか

旧暦八月十五日のことを中秋という。この日の満月は中秋の名月と呼ばれ、昔からその名月を観賞する習わしがある。

月見には団子、果物、ススキなどを供えるが、もともとはサトイモを供えた。そこで中秋の名月のことを芋名月ともいう。サトイモがのちに団子に変わった。

中秋の名月のお月見は、本来はサトイモをはじめ農作物の収穫儀式であったと考えられている。名月のころはサトイモの収穫期にあたる。サトイモは古い時代の人々にとっては、大切な食べものであった。収穫したサトイモを月に捧げて感謝した。

ではお月見になぜススキを供えるのか。ススキは秋の七草の一つである。昔の人々は、ススキには呪術的な力があり、収穫物を悪霊や魔物や災いなどから守ってくれると信じていたようである。

またススキには次の年の豊作を願う、儀礼植物としての意味もあったといわれている。そんなところから、月見にススキを供えるようになったと考えられている。

67　アサガオは、なぜ朝に花を咲かせるのか

アサガオ（朝顔）は夏の早朝に花を咲かせ、午前中にしぼむ。アサガオとは一説に、朝に咲く美しい花の意味とされている。

花が開く時刻は植物によってまちまちであるが、それぞれの植物の開花時刻はだいたい決まっており、アサガオは朝になると開花し、ユウガオは夕方に花を咲かせる。

アサガオはなぜ朝になると花を開くのか。朝になると気温が上がってくるからだろうか。それとも朝になり、明るくなると開くのだろうか。

正解はどちらでもない。アサガオはある一定の時間、暗いところに置かれると、花を咲かせるという性質を持っている。そのある一定の時間は約一〇時間である。

アサガオは夕方になって暗くなると、暗くなるという刺激を感じとって、開花の準備をはじめ、約一〇時間後に開花する。夏は午後七時ごろに暗くなるので、一〇時間後＝翌日午前五時、すなわち、早朝に花を開くことになる。

68　草花には、なぜ秋と春に花を咲かせるものが多いのか

草花のなかには春、または秋に花を咲かせるものが多い。それはなぜなのだろうか。夏や冬に花を咲かせるものももちろんあるが、春や秋に開花するもののほうが多い。

植物はそもそもなぜ花を咲かせるのか。

それはわれわれ人間の目を楽しませるためではない。花は植物にとっては生殖器である。植物は生殖するため、すなわち子ども（＝種子）をつくるために花を咲かせている。植物が季節を決めて花を咲かせているのは、その季節に種子をつくるためである。

では種子をつくるために、植物の多くはなぜ春や秋を選んだのだろうか。

それは夏や冬が植物が生きていくうえで、いい季節ではないからである。

種子は殻などに守られていて、暑さや寒さに強いが、植物自身は暑い夏や、寒い冬には弱い。

そこで夏の暑さに弱い植物、冬の寒さに弱い植物は夏や冬がやってくる前、すなわち春と秋に花を咲かせて生殖し、種

子によって夏や冬を過ごすことにしたのである。

69　タンポポは夕方になると花を閉じるのか

春になるとタンポポが黄色い花を咲かせる。朝の早い時刻に開花し、そして夕方になると花を閉じる。タンポポの花は数日にわたってそうした開閉を繰り返す。どうして朝方に開花し、夕方は閉じるのか。

タンポポの花は、明るくなると開き、暗くなると閉じると、これまで考えられてきたが、それは正しくない。タンポポは明るくても開かないことがあり、また暗くても開くことがある。

タンポポには光が当たると開く性質と、気温が高くなると開く性質があり、どちらの性質が支配するかは、夜の気温で決まるという。夜の気温が高いと、翌朝は太陽の光が、当たると開花し、夜の気温が低いと、翌朝は気温が上がると開花する。その境界となる夜の気温は、セイヨウタンポポでは一三度C、シロバナタンポポでは一八度Cである。

そして朝に開花したタンポポが夕方に閉じるのは、暗さによるのではない。開花後、タンポポを明るい部屋にずっと置いていても、約一〇時間すれば花を閉じる。

タンポポは花を開いたら、明るさや暗さ、温度とは何の関係もなく、約一〇時間たつと花を閉じるようになっている。

70　切り花の茎、なぜ水のなかで切るのか

切り花を買い、それを花瓶に挿すときには、茎を水のなかで切ったほうがよいといわれる。それはどうしてなのだろう。

植物は根から水を取り込み、その水を道管によって運んでいる。植物の葉には呼吸用の穴がたくさんある。それを気孔《きこう》といい、その気孔から水分を蒸発させている。

道管は毛細管で、毛細管現象によって、道管のなかを水が上へと昇っていく。植物の茎を空気中で切ると、道管のなかに空気が入ってしまい、水の流れが途切れて、水が上がっていくことができなくなってしまう。

切り花を水切りするのは、道管のなかに空気が入らないようにするためである。

買った切り花は、家に持ち帰るまでに道管に空気が入ってしまうので、花瓶に挿すときには、よく切れる刃物で茎の下から三～五センチを水中でカットする。

刃こぼれした刃物などで切ると道管がつぶれ、水を送ることができなくなる。

71　オオバコはなぜ道端に生えているのか

オオバコ（大葉子）という大きな葉を持った雑草がある。道端などによく生えている多年草で、春から夏にかけて花茎を出し、白い花をつける。

道端に生えているので、人に踏まれ、車にひかれたりする。それでもじっと耐えている。オオバコの葉は柔軟で、地面に近いところから出ており、茎は短いので、ほかの植物と比べると踏まれ強い。

人や車が通らないところで生きていれば、人に踏まれなくてすむ。それなのにオオバコは道端で生きている。それは人や車などに踏んでもらわないと困るからである。

オオバコは学名（ラテン語）をプランタゴという。それは「足の裏で運ぶ」という意味。オオバコの種子はゼリー状の物質に包まれていて、雨や露などで湿ると粘着する。

人や車や動物がオオバコを踏みつける。すると靴や車輪に種子がくっつき､運ばれていく。オオバコはそうやって種子を散布している。すなわち踏まれることで生きているのである。

72　植物の根はなぜ下に伸びるのか

草花の種を土にまくと、やがて種から根や芽が出てくる。その根は下に向かって伸びていく。

種のどの部分から根が出るかは決まっている。その部分が上になるような状態で種がまかれても、そこから出た根は､必ず下向きに伸びていく。根はどうして下へ向かうのだろうか。

根は太陽光が届かない地中を､太陽とは反対の方向に伸びていく。根は太陽に逆らっているのだろうか。

そうではない。地球上に存在するすべてのものに重力が働いている。重力とは､地球上の物体を地球の中心のほうに引きつける力をいう。根にも重力が働いており､根は重力を感じ取って重力の方向に生長していくという性質を持っている。だから下に向かって伸びていく。

根は最先端の根冠で重力の方向をとらえていると考えられている。そして重力の感知にはオーキシンという植物ホルモンが関わっていることがわかっている。

73 植物は、なぜたくさんの水が必要なのか

人は水がないと生きていけない。人体の約六〇パーセントは水分である。水は植物にとっても不可欠である。

植物はたくさんの水を使っていて、多くの水を葉から蒸発させている。植物の体のなかの水が、水蒸気になって葉から空気中に発散することを、蒸散という。植物は毎日、自分の体重と同じくらいの、あるいは体重の何倍もの水を蒸散している。

植物は葉から多くの水蒸気を放出しているが、それは目的があってのことである。蒸散の一つの目的は、体温の調節である。太陽の光が強いと、葉は熱を吸収し、その温度が上がってしまう。葉の温度が高くなると、植物は葉から水を蒸散させ、蒸発熱によって温度を下げる。

もう一つの目的は、根で吸収した水を先端の葉まで供給するためである。葉から水が蒸散すると、出ていく水に引っ張られて、水が下から上がってくる。水を先端の葉まで引き上げるためには、葉からたくさんの水を蒸散させなければならない。

74 オミナエシは、なぜそんな名前になったのか

秋の七草の一つに数えられるオミナエシは、日本各地の山野に分布し、黄色の小さな花をたくさんつける。古くはオ（ヲ）ミナヘシといい、漢字では「女郎花」と書く。『万葉集』にはオミナエシを詠んだ歌が一四首ある。

オミナエシの語源について、一説に、この花は美女をも圧《へ》す（へこます、圧倒する）美しさをもっているという意味から、オミナヘシ（→オミナエシ）と呼ぶようになったという。オミナエシの花は美しい。だが美女をも圧倒するほどの美しさとはいいがたい。この説には疑問が残る。

オミナエシは地方によってはオミナメシ、オンナメシ、アワバナなどと呼ばれているが、オミナエシは「女の飯」という意味とする説がある。オミナエシの花（蕾）は粟の粒に似ている。粟は五穀の一つで、昔は米と混ぜて主食としていた。五穀のなかでは米のほうが勝っていた。オミナエシの仲間にオトコエシという草花があり、こちらは白い花を咲かせる。

オミナエシの花を粟飯、オトコエシの花を米の飯と見立て、粟は米より劣っていることから、粟を女、米を男ととらえ、黄色い花を咲かせるほうを女飯＝オミナメシ、白い花の

ほうを男飯＝オトコメシと呼び、それが転じて、オミナメシ↓オミナヘシ（↓オミナエシ）、オトコメシ↓オトコヘシ（↓オトコエシ）になったという。

75　植物の茎はなぜ円形なのか

植物の茎はたいてい円柱形をしている。茎を切断してみると、その断面は円形である。茎はどうして円柱形なのか。

植物はいつも風を受けながら生きている。円柱形だと風の抵抗を受けにくい。茎が三角形、あるいは四角形であったりする場合、その一面に風をまともに受けることになる。また円柱形だと、ものが茎に当たったとき傷つきにくい。

植物が生きていくためには水が必要である。水は根から吸収され、茎や葉へ運ばれる。水を運ぶためのパイプを導管という。導管は茎の中心部付近を走っており、導管からそれぞれの細胞へ水が供給される。円柱形であれば、導管から茎の外側までの距離が等しくなるので、茎の表面の細胞には水が等しく供給されることになり、細胞の水分の状態は均等になるから、茎は安定して立っていることができる。

植物の茎が円柱形である理由として、右のようなことが指摘できる。

しかし植物のなかには、茎が円柱形でないものもある。たとえばカヤツリグサの茎は断面が三角形、オドリコソウは四角形である。ちなみに断面積が同じであれば、曲げに対しては、円形よりも四角形のほうが、四角形よりも三角形のほうが強い。

76　ウラジロは、なぜ正月のお飾りに使われるのか

正月のお飾りによく用いられるものの一つに、ウラジロがある。シダ類の仲間で、ウラジロ（裏白）という名は、その葉の裏面が白いことによる。お供え餅の下敷きにしたり、しめ縄の輪飾りに用いられている。

昔、シダといえばウラジロを指していた。シダは漢字では「歯朶」（あるいは「羊歯」）と書く。

文安元年（一四四四）に成立した国語辞典、『下学集《かがくしゅう》』に「歯朶　ヨハイノエタ　正月用レ之」とあり、室町時代中期のころにはウラジロが正月の飾りとして用いられたことがわかる。歯朶をヨハイノエタと読んでいた。ヨハイ（ヨワイ）は年齢のこと、エタ（エダ）は枝のことで、歯朶（ヨハイノエタ）は長寿を意味している。

ウラジロにはモロムキという別名がある。モロムキとは「諸向き」で、その羽状の葉が左右対称であることをいったものであり、その形が夫婦和合に通じ、葉の裏面の白は

共白髪《ともしらが》に通じる。

そんなところから縁起のよい植物とみなされ、正月のお飾りに用いられるようになったようである。

77 クロユリは、なぜ悪臭がするのか

北海道、本州中部の高山に分布しているクロユリ（黒百合）の花は、黒っぽい色をしており、ユリの花に似ている。だがユリの仲間ではない。

織豊時代、佐々成政《さっさなりまさ》なる武将がいた。彼は嫉妬深い人間だったらしい。早百合《さゆり》という美しい愛人をもっていたが、ほかの男との仲を疑い、早百合と彼女の一族を殺してしまう。彼女は息を引きとるとき、「この恨みは決して忘れない。立山に黒百合が咲くようになったら、佐々家はきっと滅びる」と叫んだという。実際、佐々家はやがてそのとおりになった。そんな伝説がある。

クロユリはその色といい形といい、なかなか趣のある花である。だが可憐な花にしては、その匂いはいただけない。クロユリはアンモニアのような匂いがする。どうして悪臭をただよわせているのか。

花を観察していると、ハエがやってくるのを目撃する。クロユリが発する匂いは人間にとっては悪臭だが、ハエにとっては好みの匂いである。クロユリはその匂いでハエをおびき寄せ、花粉を媒介してもらっているのである。

78 ヒマワリはなぜヒマワリなのか

ギラギラした陽光のもと、太陽のような大輪に花を咲かせるヒマワリは、真夏のシンボルである。

ヒマワリは江戸時代中期に中国から伝わり、はじめは向日葵《こうじつあおい》と漢名で呼ばれ、のちにヒマワリとも呼ばれるようになった。

ヒマワリという名は、この花が太陽のほうを向き、太陽の進行につれて回るということからつけられたようだが、太陽の進行につれて回るという認識には問題がある。

実際に観察してみれば、それが本当なのか、間違いなのかはすぐにわかる。ヒマワリは回ったりしない。一日中、同じ方向を向いている。その意味では、この植物をヒマワリと呼ぶのはよろしくない。

ただし、まだ花が開かない若いヒマワリは、朝は東、日中は南、夕方は西のほうに向いている。すなわち、若いヒマワリは、太陽の動きを追って首を振る。

したがって若いヒマワリについて言ったものとすれば、ヒマワリという呼び名は正しいことになる。

79　ナデシコはなぜ撫子なのか

日本各地の山野に自生し、秋の七草の一つに数えられるナデシコは日本女性の象徴とされ、日本の女性をヤマトナデシコなどと称する。『万葉集』にはナデシコを詠んだ歌が二六首あるが、そのうちの八首では、ナデシコは男性にたとえられている。

たとえば笠女郎《かさのいらつめ》が大伴家持《おおとものやかもち》に「朝ごとに我が見るやどのなでしこが花にも君はありこせぬかも」(毎朝、私が見る庭のなでしこの花であなたはあってくだされぱいいのに)という歌を贈っている。

ナデシコはナデシコ科ナデシコ属の植物の総称で、世界中では三〇〇種ほどある。日本ではカワラナデシコ(ヤマトナデシコ)がもっとも一般的だ。ナデシコは漢字ではふつう「撫子」と書く。

貝原益軒の『大和本草』に「撫子とは花の形ちいさやかに其《その》色愛すべきを以《もっ》て名づく」とある。ナデシコの花は小さくて可憐であり、わが子を撫でて可愛いがるように、愛すべき花である。

そのような意味からナデシコという名前になったとされている。

80　マツヨイグサはなぜ夜に開花するのか

竹久夢二の詩に「待てど暮らせど来ぬ人を宵待草《よいまちぐさ》のやるせなさ今宵は月も出ぬそうな」というのがある。

その宵待草はマツヨイグサのことで、ヨイマチグサという名の植物は存在しない。ヨイマチグサはマツヨイグサ(待宵草)を逆さ読みしたもの。ツキミソウとも呼ばれるが、それは本来のツキミソウと混同して呼んだものである。

マツヨイグサはアカバナ科の多年草で、五月から八月にかけて、黄色い四弁花を咲かせる。その花は夕方になって開き、翌朝になるとしぼんでしまう。マツヨイグサという名は宵になると開花することによる。

花の多くは日中に開花するが、マツヨイグサは夜間に開花する。花は虫や風などに花粉を運んでもらっている。昼間は花粉を運んでくれる虫の数は多いが、花の数も多い。マツヨイグサはライバルの少ない夜を選び、夜間に活動するスズメガの仲間に花粉を運んでもらうことにした。

スズメガの体はチョウと同じように鱗粉におおわれていて、花粉がつきにくい。そこでヨイマチグサのオシベの花粉は付着しやすいように粘液を帯びている。

81　ヘクソカズラは、なぜ臭い匂いがするのか

サオトメバナ（早乙女花）と呼ばれている花がある。暑い夏の季節に、愛らしい花を咲かせる。

その花の形が早乙女（田植え娘）がかぶる笠に似ているところから、そう呼ばれているわけだが、サオトメバナというのはいわばニックネームで、本名はヘクソカズラ（屁糞蔓）である。この花は愛らしくて乙女のようなイメージの花であり、ヘクソカズラという名ではかわいそうである。

しかしそう呼ばれるのも仕方ない。目には美しい花なのだが、悪臭がする。藪《やぶ》や雑木林などに見られる花で、その茎や葉などをつまんだりすると、オナラ（糞）に似た匂いがする。その匂いの正体はメルカプタンという揮発性のガスである。葉をつまんだりすると、細胞が傷ついて、細胞内のペデロシドという硫黄化合物が分解してメルカプタンを生じる。

この花が悪臭を身にまとっているのは、外敵から身を守るためである。悪臭を放つことでガードしているわけである。

だがその悪臭は万能ではない。硫黄化合物のペデロシドは昆虫が嫌う成分だが、それが平気なものもいる。アブラムシの一種のヘクソカズラヒゲナガアブラムシは、ペデロシドを何とも思わない。平気でヘクソカズラの汁を吸う。

82　ハキダメギクはなぜそんな名前になったのか

植物のなかには、ひどい名前をつけられているものがある。たとえば、ハキダメギク。漢字で書けば「掃溜菊」で、ハキダメギクとは何とも気の毒な名前である。

ハキダメギクは熱帯アメリカ原産の帰化植物。キク科の一年草で、関東地方以西の各地の路傍や空地などに自生している。

ハキダメギクとは「掃き溜めに咲く菊」という意味である。どうしてそんな名前がつけられたのか。

掃き溜めとは、ごみ捨て場のことをいう。この植物はそうしたところによく生える。ハキダメギクの命名者は植物学者の牧野富太郎と伝えられている。牧野はごみ捨て場（掃き溜め）にこれまで見たことのない草が生えているのを発見し、その場所にちなんでそれをハキダメギクと名づけたのである。

そのごみ捨て場については、東京大学付属植物園（小石川植物園）のごみ捨て場といわれているが、はっきりしない。

83　ススキの葉に触れると、なぜ皮膚が傷つくの

一面の野に、ススキが風になびき光っているさまは風情がある。ススキは日本の秋の風物詩である。

ススキはすくすくと伸びるので、ススキという名になったという説がある。秋に箒《ほうき》のような形の穂を出し、それが獣の尾を想像させるところからオバナ（尾花）ともいう。

ススキは乾燥、強光、高湿の「３Ｋ」に強い植物であり、またその葉はかたくて、不用意に触ると、手に傷を負ったりすることがある。それはススキの葉にはノコギリ状のギザギザがあり、そのギザギザがガラス質の物質（ケイ酸）を含んでいるからである。

植物が根を下ろしている土のなかにはケイ酸があり、ススキは根から水分を吸収するとき、ケイ酸もいっしょに取り込み、それを葉や茎に蓄積して、体を丈夫にしている。イネ科の植物はケイ酸吸収性の強いものが多い。イネはケイ酸含量が高い植物として知られているが、ススキもイネ科の植物で、イネの仲間である。

84　タンポポの葉はなぜ虫に食われないのか

タンポポのことを英語ではダンディライオン（dandelion　ライオンの歯という意味）という。タンポポの葉のギザギザがライオンの歯を連想させることから、そう呼ばれるようになったといわれている。

その英語はフランス語からきているが、フランス語ではタンポポのことを「ピサンリ」(pissenlit) という。それは「ベッドで小便をする」という意味で、すなわち「おねしょ」のこと。タンポポには利尿作用があるとされていることから、そんな名前がつけられたのである。

今日、目にするタンポポの多くは、明治時代に外国から入ってきたセイヨウタンポポである。このタンポポは虫に強い。植物の葉は虫たちにとっては餌でもある。ところがタンポポは虫たちにほとんど食べられない。

タンポポの葉や茎を傷つけると、白いネバネバした乳液が出てくる。ネバネバしているのは、ゴム成分を含んでいるからで、虫が葉を食べると口がべたついてしまい、食べられなくなってしまう。

白い乳液は傷をふさいで、細菌やカビなどが侵入するのを防ぐ意味があると考えられているが、虫を排除するのにも役

立っているわけである。

85 イラクサに刺されると、なぜ激痛を感じるのか

植物のなかには虫や動物などに食べられないように、トゲを生やしているものがあり、イラクサはトゲのある雑草として知られている。トゲのことをイラともいう。イラクサはイラを持つ草という意味である。

イラクサのトゲは刺毛《しもう》と呼ばれており、それに刺されると、強い痛みを感じる。バラにもトゲがあり、そのトゲに刺されても痛みはそれほどではないのに、イラクサに刺されると疼痛を感じる。その理由は、イラクサのトゲはただのトゲではないからである。

イラクサの刺毛の先端部分は針になっており、基部が袋状になっていて、ここに毒液が入っている。刺毛に人や動物などが触れる。すると皮膚に刺毛が刺さり、袋の部分が圧迫されて、毒液が注入される。イラクサの刺毛はハチの毒針と同じようなものである。

イラクサのことを漢名では「蕁麻《じんま》」という。魚肉などの中毒によって起こるアレルギー発疹を「蕁麻疹《じんましん》」と呼んでいるが、それはイラクサ（蕁麻）に刺されてできる発疹と外見がよく似ていることから、名づけられたものである。

86 ユリのオシベはなぜT字形なのか

オニユリ、コオニユリ、ヤマユリなど、ユリのオシベは特徴のある形をしている。

オシベは六本あり、長く突き出ていて、花糸の先端に花粉を出す葯《やく》がある。それはT字形についている。なぜそんな形をしているのか。それはその形のほうが都合がいいからである。

ユリはチョウ類に花粉を運んでもらっている。チョウは蜜を求めてやってきて、ユリの花びらやオシベなどに足をかけ、羽を動かしながら蜜を吸う。チョウの体は鱗粉でおおわれており、花粉がなかなかつきにくい。そこでユリは花粉をチョウの体につけやすくするために、オシベをT字形にした。

葯がT字形についているため、どんな角度で触れてもすばやく動いて、チョウの体にぴたりとくっつき、花粉をたっぷりとくっつけることになる。

またユリの花粉はほかの植物の花粉より粘りが強いという。オシベとメシベはカールしている。それもチョウの体に触れやすくするための工夫である。

87　熱帯にはなぜ赤い花が多い？

熱帯地方に咲く花といえば、赤い色をした花が連想される。実際、熱帯には赤い花が多く見られる。それはどうしてなのだろうか。熱帯地方は一年中暑い。赤い花が多いのは太陽や温度と何か関係があるのだろうか。

植物は風や昆虫や鳥などに花粉を運んでもらい、受粉している。昆虫の多くは赤い色を認識できない。一方、鳥類は赤い色がわかり、赤い色を好む。熱帯地方では鳥類が花粉を運ぶ割合が高い。鳥たちに花粉を運んでもらうためには、鳥が好む色をしていたほうがいいわけである。熱帯地方に赤い色の花が多いのは、その色が鳥の好む色だからである。

熱帯地方には赤い花のほかに、白い花も多い。赤色や黄色などの花は夜になると、目立たなくなる。だが白い花は夜になっても、月の光に照らされて目立つ。夜になると夜行性の動物（昆虫、鳥類、コウモリ）が活動する。熱帯の植物は、白い花によって、夜行性の動物をひきつける。

夜に白い花を咲かせるゲッカビジンはメキシコ原産の多肉植物だが、それは野生の状態ではコウモリに花粉を運んでもらっている。

88　マリモはなぜ湖面に浮かび上がるのか

北海道の阿寒湖はマリモの生育する湖として知られている。マリモは緑藻類シオグサ科の淡水草で、その丸い形が毬《まり》を連想させるところからマリモ（毬藻）と名づけられた。

分枝した藻がもつれて形成されたもので、球体となるプロセスにはいくつかの種類があることがわかっている。大きなものでは直径三〇センチくらいにもなる。昭和二十七年（一九五二）には国の特別天然記念物に指定されている。

マリモは日光に当たると湖面に浮かび上がってくる。ところが曇った日や夜などは、湖底に沈んでいる。植物はふつう自らは動かない。マリモはどのようなしくみで浮かび上がっているのだろうか。

植物は光エネルギーを用いて、二酸化炭素と水から栄養と酸素をつくりだしている。それを光合成という。マリモも光合成をしている。それによって酸素が細胞間に生じるために軽くなり、湖面に浮かび上がっているのである。

89　ホオズキの実はなぜ袋に包まれているのか

「鬼灯」と書いて、ホオズキと読む。ホオズキは夏に花を咲かせ、花が終わると実をつけ、その実は熟すると赤くなる。

室町時代の国語辞典『下学集《かがくしゅう》』には、ホオズキについて「その実が赤く灯火のごとし」とある。ホオズキの赤い実が怪しげな赤い提灯をイメージさせるところから、「鬼灯」という漢字を当てたのだろう。漢語を用いて「酸漿」とも書く。

ホオズキの実は袋に包まれており、実が熟して赤くなるとともに、袋のほうも赤くなる。そして袋は肉の部分は虫に食べられたりして筋だけが残り、なかの赤い実が透けて見えるようになる。

ホオズキの実を包んでいる袋、それは萼《がく》である。萼は花のもっとも外側の部分で、たいていの花では花後に落ちてしまう。ホオズキでは萼がずっと残り、袋となって果実を包んでいる。

ホオズキの仲間にハダカホオズキ（裸鬼灯）というのがある。この実は袋（萼）に包まれない。裸の状態なのでハダカホオズキと名づけられた。

90 オジギソウはなぜおじぎをするのか

オジギソウという植物があり、その葉に触れると形を変えることでよく知られている。オジギソウの葉に何かが触れると、鳥の羽根のように並んだ葉（小葉）が閉じ、さらに葉の柄が根元から垂れて、まるでおじぎをするような動きをする。

葉と茎をつないでいる柄状の部分を葉柄《ようへい》という。その葉柄の基部（茎と接している部分）と小葉の基部は少しふくらんでおり、葉沈《ようちん》と呼ばれる細胞の集まりがある。中心には水と栄養の通路となる維管束《いかんそく》が集まり、周囲には柔らかな細胞群が厚く発達している。

この葉沈の細胞は、細胞内への水の入り方によって、ふくらんだり、縮んだりする。水が入り込めば大きくなり、水が出ていけば小さくなる。刺激を受けると、葉沈の下半分の細胞が水を排出し、その水を上半分の細胞が取り込み、ふくらむ。その結果、小葉が閉じ、さらに葉全体が垂れ下がり、おじぎをする。

第二章　樹木の雑学

▼樹木の面白ウンチク話

91　タケのなかには何が入っているのか

タケはその内部が空洞になっている。あのなかは真空なのだろうか。それとも何か気体が入っているのだろうか。タケはものすごく早く生長する。その生長を助ける物質が入っているのか。

じつはタケのなかは真空ではなく、空気とだいたい同じものが入っている。ただし成分の比率が少し違っている。空気の成分は、窒素が約七八パーセントで、酸素が二一パーセント、二酸化炭素が〇・〇三パーセントである。一方、竹のなかの気体の成分は、ある分析によると、窒素七八～七九パーセント、酸素が一四～一九パーセント、二酸化炭素が二～六パーセント。

すなわちタケのなかの気体は、空気に比べると、酸素が少なく、二酸化炭素が多い。人間が吐く息（呼気）では、酸素が一六パーセントくらいに減少し、二酸化炭素が四パーセントくらいに増加している。タケのなかの酸素と二酸化炭素の成分比率は、それとほぼ同じである。

タケのなかは二酸化炭素の濃度が高い。そんなところに人間がいたら窒息しかねない。『竹取物語』では、主人公のかぐや姫は、タケのなかにいたことになっている。彼女は息苦しくなかったのだろうか。

92　木が伸びたら枝の位置も上へ上がる?

木は上へ上へ伸びていく。では枝の位置はどうなるだろう。枝の位置も、木の伸びに応じて上へ移動するのだろうか。

たとえば家の庭に高さが二メートルの木があり、一メートルのところに枝があるとする。この木が生長して数年後、三メートルになったとする。そのとき枝の位置はどうなっているか。

枝の位置も上のほうへ上がっていき、一・五メートルくらいの高さになっている？　多くの人がそう思うに違いない。だがそれは正しくない。そんなふうにはならない。木がどんどん生長していき、高さが三メートルになろうが、五メートルになろうが、枝の位置は変わらない。一メートルの位置にあつた枝は、木が上へ上へ伸びていったとしても、そのままの位置にある。

木の生長（伸びの生長）は木や枝の先端の部分だけで起こる。だから枝の位置は不変なのである。生長すると幹は太くなるが、幹の生長（太さの生長）は幹の外側だけで起こる。

93　万葉の時代のモミジは黄葉

秋になり樹木の葉が赤・黄・茶色に色づくことをモミジといい、「紅葉」「黄葉」などの漢字を当てている。またカエデのことも俗にモミジという。だがモミジとカエデは、もともとは別の意味をもった言葉である。カエデは樹木のなかでもとくに目立って色を変える。すなわちモミジ化する。そこでモミジと呼ばれるようになった。

では色を変えることをなぜモミジというのか。それは一説に、古代の染色法からきているといわれている。昔の人々は草木の汁を揉《も》みだし、それで布などを染めたが、「揉みだす」「揉みでる」から、モミジという言葉が生まれた。

『万葉集』にはモミジを詠んだ歌がたくさんあり、そのほとんどに「黄葉」の漢字が当てられている。たとえば「秋山の黄葉《もみじ》をしげみ惑ひぬる妹《いも》を求めむ山道《やまじ》知らずも」（秋山のもみじがいっぱいなので、迷い込んでしまった妻を捜しにゆく、その山道もわからない）という歌がある。モミジに「紅葉」「赤葉」などの漢字を当てた歌は数首しかない。

万葉の時代には黄葉が秋の色とされていたようである。それが平安時代になると紅葉に変わっていく。

94　木はどうやって水を上まで吸い上げているのか

二階のベランダから長いストローを使って、地面に置いてある缶ジュースを飲む。そんなことがはたしてできるだろうか。二階の高さを五メートルと仮定すれば、それは可能である。理論的には一〇メートルまでの高さであれば、ジュースを飲む（吸い上げる）ことができる。

木のなかには五〇メートル、六〇メートル、あるいは一〇〇メートル以上にも達するものがある。人間と同様、木も生きるためには水が必要であり、木の先端（頂点）まで行き渡らさなければならない。水はいったいどのように、木のてっぺんまで送られているのだろうか。

根が水を吸収する。そして強い圧力で木のてっぺんまで押し上げているのか。根はそれほどの力は持っていない。根が吸収した水は導管によって、木の先端（葉）へと送られる。根の細胞は吸収した水で圧力（根圧）が高くなっており、そのため導管内の水を上に押し上げようとする力が生じる。だがその押し上げる力は小さなもので、その力だけでは先端まで水を行き渡らすことはできない。

葉の表面には気孔と呼ばれる小さな孔が無数にあり、水を外に蒸発させている。それによって導管の水が強い力で吸い上げられることになる。つまり根が水を下から少し押し上げ、葉が上から強く吸い上げるというわけである。

95　火事を利用して生きている木もある

山火事は植物に大きな被害をもたらす。火事が起きても、植物は逃げることができない。山火事は植物にとって大災難である。ところが、植物のなかには火事を待っているものもある。

オーストラリアの南西部に分布しているバンクシアという植物はその一つである。バンクシアはヤマモガシ科の常緑樹で、乾燥地帯に生息しており、そうしたところでは山火事が起こりやすい。たとえばバンクシアの生息地であるパース近郊では、年に千回もの山火事があるという。

バンクシアは硬い殻を持った実をつけるが、その実はふつうのときには開かない。山火事が起きると、その熱で実が少しずつ開き、山火事が終わるころに完全に開き、実のなかに入っていた種子が地表に落ち、やがて発芽する。

アメリカ合衆国にはジャックパイン（ジャックマツ）の森林があるが、その実（マツカサ）も、山火事にあうと開いて、種子が散布するようになっている。

またアメリカ合衆国の西海岸に生息しているセコイアは火事に強く、火事にあうと、そのストレスによってかえって良い種ができるという。

96　ソメイヨシノは伊豆半島で生まれた!?

サクラには種類が多く、現存種は三〇〇種以上もある。そのなかでもっともよく知られているのはソメイヨシノだろう。このサクラは江戸時代末に、江戸の染井《そめい》（現、豊島区駒込）の植木屋から売り出されたのが最初とされており、当初はヨシノザクラ（吉野桜）と呼ばれていた。ソメイヨシノという名は明治時代になってつけられたもので、命名者は帝室博物局（後の国立博物館）の藤野寄命《ふじのきめい》である。

ソメイヨシノはオオシマザクラとエドヒガンという品種

の雑種である。また全国のソメイヨシノは、一本の原木に由来するクローン、すなわちその原木をもとにつくられたものであることがわかっている。あるとき、オオシマザクラとエドヒガンが交わって、ソメイヨシノができた。それが自然の交雑によるものか、それとも人工交配によるものかは明らかでない。

オオシマザクラとエドヒガンがどこかで自然交雑して、ソメイヨシノが誕生したとすると、その誕生地は両方の親が自生する地ということになる。オオシマザクラが自生しているのは伊豆半島、房総半島、伊豆七島などで、エドヒガンは本州、四国、九州に自生している。両親が自然交雑できる可能性のあるところは伊豆半島か房総半島で、伊豆半島の船原峠《ふなばら》にはソメイヨシノに似たサクラが自生している。ソメイヨシノは伊豆半島で生まれたのだろうか。どこでどのようにして誕生したかは謎のままである。

97　モクレンは磁石代わりになる

「コンパスープランド」（方向指標植物）と呼ばれている植物がある。その植物を見れば方向がわかる。すなわち方向を示しているので、磁石代わりになる。その植物とは？

モクレン（木蓮）という木はご存じだろう。中国原産のモクレン科の落葉低木で、春、葉の出る前に赤紫色の花を咲かす。ちなみにモクレンという名は花の形が蓮《はす》に似ていることからきている。

そのモクレンがコンパスープランドの一つである。いったいモクレンの何が磁石代わりになるのか。

それは蕾である。春先、山中などで方向がわからなくなったとき、モクレンの蕾は方向を知る手がかりになる。そのわけはモクレンの蕾はその先端が北を指すからである。なぜ北を指すのか。

モクレンの蕾は春の暖かい日差しを受けて南側が先にふくれ、その反動によって先端が北を向くことになる。モクレンと同じ仲間のハクモクレンやコブシもコンパスープランドで、同じような性質を持っている。

98　ヤツデの葉は八つに分かれていない

暖地の海岸近くの林に自生し、住宅の庭や庭園などによく植えられているヤツデは、大きな葉を持っている。それは団扇《うちわ》の形をしており、天狗《てんぐ》が手にしている団扇のようでもあることから、この木はテングノウチワとも呼ばれている。

ヤツデは「八手」で、そのテ（手）は、ヤツデの葉が見方によると人間の手のひらのようでもあるところからきている。ではヤツ（八）は？

ヤツデの葉は深い切れ込みがいくつかあり、人間の指のようにに分かれている。その分かれ方はたいていは奇数である。すなわちヤツデの葉は若いときには三つに裂けており、生長するにつれて、その数が増してきて、七つ、九つ、あるいは十一に分かれる。八つに分かれることもあるが、それは稀《まれ》なことである。

ヤツデの「ヤツ」（八）は、葉が八つに分かれていることを言ったものではないようである。「八」はたくさんの意味で使われることがある。「八百万《やおよろず》の神」「嘘八百」「江戸八百八町」などの「八」はそうである。

ヤツデの「ヤツ」もそれと同様に、たくさんという意味で、たくさんの指のある手のようであるというところから、ヤツデと呼ばれるようになったのだろうと考えられている。

99　観葉植物ガジュマルの、その正体は絞殺魔

植物の世界にも殺し屋がいる。人間界の殺し屋はハジキ（ピストル）などを用いるが、植物界の殺し屋は、自身の体を使って相手を殺す。

どうやって殺すかといえば、相手にからまりついて締め殺す。熱帯地域には他の木に巻きついて生き、その宿主の木を締め殺してしまう植物が生息しており、英語では、ストラングラーツリー（締め殺しの木）と呼ばれている。

締め殺しの木としては、クワ科イチジク属の植物がよく知られている。屋久島、種子島、沖縄などに分布しているガジュマルは観葉植物として鉢植えにされているが、この木はクワ科イチジク属の常緑樹で、じつは締め殺しの木の一つである。

ガジュマルはイチジク状の実をつける。鳥がその実を食べ、種子を他の木に落とす。やがて種子は木の股や枝の上などで発芽し、すぐに細い根（気根）を垂らし、地面に向かって伸ばしていく。

地面に達した根は地中で分岐し、栄養分を吸収する。すると地面に下りていく根がどんどん増え、宿主の木にまとわりつき、宿主の幹を網の目のように取り囲む。

こうして根が次第に太くなっていくと、宿主の幹は締めつけられ、生長が妨げられ、ついには枯れて腐ってしまう。

100　イチョウは精子をつくって受精する

街路樹や庭園樹などとして各地に植えられているイチョウは雌雄異株で、オスの木とメスの木がある。果実は銀杏《ぎんなん》と呼ばれ食用にされているが、銀杏がなるのはメスの木であ

る。イチョウは精子をつくって受精するが、その受精の方法がなかなか面白い。

五月ごろ、イチョウのオスの木に雄花が、メスの木に雌花が咲く。そして雄花の花粉が風に乗って運ばれ、雌花の先端につき、内部（胚珠《はいしゅ》）に取り込まれる。

そして四か月ほどかかって花粉は二個の精子をつくる。その間に胚珠は次第に大きくなり、メスの胞子が卵をつくる。さらに胚珠のなかに小さな水たまりができる。それは精子を泳がすためにイチョウが自ら用意したものである。

九月初旬のころ、精子が用意された水たまりのなかを自分の力で泳ぎ、卵にたどり着く。こうして受精が行なわれる。なお、イチョウに精子があることを発見したのは日本人である。明治二十九年（一八九六）、東京大学理学部植物学教室の助手の平瀬作五郎《ひらせさくごろう》がイチョウの精子を発見し、『植物学雑誌』に発表した。

それと前後し、ソテツにも精子があることが同じく日本人（東京大学農学部の池野成一郎博士）によって発見され、この二つの発見は世界的に有名になった。

101　ハマナスの本名はハマナシ

石川啄木の処女歌集『一握の砂』に「潮《しほ》かをる北の浜辺の砂山のかの浜薔薇《はまなす》よ今年《ことし》も咲けるや」という歌が収録されている。啄木は明治四十年（一九〇七）、北海道の小樽で新聞記者をしていた。この歌は、小樽の湯の川の付近の砂浜に咲くハマナスをイメージして詠んだ歌といわれている。

啄木はハマナスを「浜薔薇」と書いているが、ちなみにハマナスはバラ科の落葉低木である。ふつうハマナスは漢字では「浜茄子」と書かれるが、ハマナスはナス（茄子）とは本来は何の関係もない。

ハマナスは海岸の砂地に生え、夏に紅色の花を咲かせ、秋になると赤い実をつける。実はそのまま食べたり、ジャムにしたりしている。その実をナシ（梨）になぞらえ、海辺になるナシとして食べたところから、ハマナシ（浜梨）と呼んだ。

東北地方ではシをスと発音する。そこでハマナシは東北地方でハマナスと呼ばれるようになった。そしてそれが今日では標準語となっているというわけである。

ハマナスの本名はハマナシ。そこで植物事典のなかには、ハマナスに「浜梨」の漢字を当てているものもある。

102　タケにとっては秋が春

「竹の秋菜園繁りそめにけり」という石田波郷《いしだはきょう》の句がある。この句の季語は「竹の秋」で、それは春の季語である。

どうして「竹の秋」が春なのか。

植物は一般に秋になると実を結び、葉の色を変え、そしてその葉を落とす。ところがタケはふつうの植物とは反対に、春になると葉が黄色くなり、落葉する。タケにとって春は秋である。春になって葉が黄ばんで落ちるさまが、他の草木の秋に似ているところから、「竹の秋」と呼ばれている。

春、タケノコが出てくると、タケは葉を落とす。そして春に生まれたタケノコは、秋になると若ダケに生長して一本立ちする。この時期、タケは青々と葉を繁らせる。タケにとっては秋が春である。

春にタケの葉が落ちるのを「竹の秋」というのに対し、秋に葉を繁らせるのを「竹の春」といい、「竹の春」は俳句では秋の季語になっている。「唐門の赤き壁見ゆ竹の春」(高浜虚子《たかはまきょし》)。

103　ヤドリギの宿りのテクニック

植物の多くは土の上で生きている。ところがなかには土にまったく接触せず、空中で暮らしているものもいる。たとえばヤドリギがそうである。ヤドリギは他の樹木に寄生し、木の上で一生を過ごしている。

ヤドリギが寄生しているのはケヤキ、エノキ、ミズナラ、サクラなどである。ヤドリギはそれらの木に付着し、宿主から栄養を得ている。だが自らも緑色の葉を持ち、それで光合成を行なっているため、ヤドリギは半寄生植物と呼ばれている。

ヤドリギは宿主から栄養を得ているので、宿主から離れるわけにはいかない。種が地面に蒔かれてしまうと発芽できない。ヤドリギの種は、他の樹木に付着しなければ生きられない。そのため、種はねばねばしたものに包まれている。

ヤドリギは春に花を咲かせ、秋に実をつける。その実を鳥たちが食べる。種は堅くて、鳥は消化できない。種を包んでいるねばねばしたものも消化されないので、鳥が排出する糞はねばねばとしており、その糞が木の枝に落ちると、粘り着き、種を付着させることになる。

104　森林浴はいったい何を浴びるのか

森の空気を浴びながらハイキングすることを森林浴という。ちなみに森林浴という言葉は一九八〇年代の初め、林野庁関係者によってつくられたものである。

森林を歩くと、さわやかな気分になり、体がリラックスする。それは樹木がフィトンチッドという物質を発しており、それを浴びているからである。

樹木は近寄ってくる細菌やカビなどを殺したり、あるいはそれらが繁殖するのを抑えたりする物質を放出し、身を守っている。その物質をロシアの生態学者トーキンがフィトンチッドと名づけた。植物を意味するフィトンと、殺すを意味するチッドの合成語である。

フィトンチッドは樹木が放出する物質の総称で、その種類は多い。なかでももっとも多いのはテルペン類。ヒノキやスギは独特の香りがある。あの香りがテルペン類である。

フィトンチッドには、気分を安らかにする、疲労を回復するなど、人の心や体にとってよい効果があることがわかっている。

105 「痒《かゆ》さをこわがる」という名をもつ木とは？

脇の下や、足の裏などをこちょこちょくすぐられると、むずむずして、笑いだしたくなったりする。木のなかにも、こちょこちょすると、くすぐったがって枝葉を動かすものがある。その木は「痒さをこわがる本」という別名をもっているが、それは何の木のことかおわかりだろうか。

サルスベリという木はご存じだろう。「痒さをこわがる木」とはサルスベリのことである。この木のことを「怕痒樹」ともいう。貝原益軒の『大和本草』（宝永六年・一七〇九）に「百日紅、其《その》樹の本を久しくかけば枝皆うごく。故に本草に、異名怕痒樹といふ」とある。サルスベリは漢字では百日紅と書く。怕痒樹とは「痒さを怕《こわ》がる木」という意味であり、「不耐痒樹《ふたいようじゅ》」（痒さに耐えぬ木）ともいう。

この木の根元を人が指で掻くと、枝（や葉）が動くと『大和本草』はいう。サルスベリは枝が細く、幹のかすかな振動が伝わりやすい。そこで幹をさする（くすぐる）と、枝先の花や葉が揺れる。それがまるで痒がって笑い動いているかのように見えるところから、「怕痒樹」と呼ばれるようになった。

サルスベリは地方によっては、クスグリノキ、コングリノキ、コチョコチョノキ、ワライギなどとも呼ばれている。

106 葉の上に花を咲かせる珍しい木がある

ハナイカダという名の木があり、北海道から九州まで分布している。山地の谷沿いなどに多く生えているミズキ科の落葉低木だが、この木はたいへん変わっている。どこが変わっているかといえば、ハナイカダは何と葉の上に花が咲き、そして実をつける。

チューリップやカーネーションなど、花の多くは茎の先端に花を咲かせ、またサクラやモモなどは枝に花を咲かせる。

ふつう植物は茎か枝に花をつける。ところがハナイカダは変わりもので、葉の上に花を咲かせる。

ハナイカダは雌雄異株で、その葉は卵形をしていて、先端がやや尖っている。雄株のほうは葉の真ん中に数個の花をつけ、雌株は一個だけしか花をつけないものが多い。花期は四～五月で、雌株の花の部分に、やがて米粒大の実ができ、秋になって黒く熟する。ハナイカダ（花筏）という名は、葉の上に花（実）がつくさまを筏《いかだ》流しの船頭に見立てたものという。

ハナイカダの花のつき方はたいへん珍らしい。ナギイカダというユリ科の常緑小低木があって、生垣などに利用されているが、この木も葉の上に花（実）をつける。ただし、その葉は本当の葉ではなく（ハナイカダの葉は本当の葉）、枝が変化したものである。

107　「この木なんの木、気になる木」の正体

「この木なんの木、気になる木、名前も知らない木ですから、名前も知らない木になるでしょう」という歌（作詞は伊藤アキラ氏、作曲は小林亜星氏）とともに、大きな傘状の木が登場するテレビＣＭがある。あれはハワイのオアフ島で撮影されたものだが、何という名の木かご存じだろうか。

あれは英語ではモンキーポット（monkey pod）と呼ばれているマメ科の樹木で、日本ではアメリカネムノキと呼ばれている。ハワイをはじめ南米、東南アジアなど熱帯各地に分布しており、世界でもっとも対称的《シンメトリカル》な形をした樹木の一つである。

この木の葉は午後遅くになると閉じ、朝になると開く。日本の山野に生えているネムノキのように葉を閉じる。そこでアメリカネムノキと呼ばれている。

モンキーポットのポットは、豆などの莢《さや》を意味する。マメ科のモンキーポットには豆がなり、サルがそれを好んで食べるところから、その名がつけられた。

108　「奇想天外」という名の砂漠の珍奇植物

灼熱の太陽が照りつけるアフリカ南西部のナミブ砂漠。そこにも生物がいる。ウェルウィッチアと名づけられた植物がその砂漠に生えており、たいへん変わっているところから、日本ではキソウテンガイ（奇想天外）とも呼ばれている。

ウェルウィッチア（キソウテンガイ）はどこがどう変わっているのか。常緑樹でもいつかは葉を落とす。だがウェルウィッチアは違う。この植物は一生のあいだに葉を四枚（子葉二枚、本葉二枚）しか出さず、本葉は永遠に生長を続け、

帯状に伸びていく。

ウェルウィッチアは数百年から一千年以上生き続けるといわれており、死ぬまで葉を伸ばし続ける。葉の生長は年間一〇～二〇センチメートルくらい。自生地で観察された最長の葉の長さは八・八メートル。そのうち七・三メートルは生きた組織であったという。

ウェルウィッチアのもっとも古いものは樹齢約二千年である。一年に二〇センチメートルずつ伸ばしていたと仮定すると、それがこれまで伸ばした葉の総計は四〇〇メートルにもおよぶことになる。

自生の状態では、二枚の葉は葉脈に沿って縦に裂け、からまり合っている。そのさまはじつに異様である。砂漠は雨が少ない。ウェルウィッチアは地下に長い根を下ろしており、地下水を吸い上げている。

109　年輪の常識にはウソがある

樹木の年輪はその木の生長の結果を示している。木の幹が太るのは、樹皮の内側にある形成層で細胞が分裂することによる。樹木は春から夏にかけてよく生長し、秋から冬にかけては生長が鈍る。その生長の違いによって年輪ができる。

樹木の年輪がきれいな同心円をしていることは少ない。年輪の中心は真ん中ではなく、また年輪幅はどちらかの方向に広くなっている。

一般に日の当たる南側のほうが生長がよいので、年輪の幅は南側が広くなっているといわれている。だから山で道に迷ったときには、切り株の年輪を見て、年輪の幅が広いほうを南と判断すればよいなどと、よくいわれる。だが南側＝年輪幅が広いというのはあくまでも一般論であり、すべての樹木に当てはまるわけではない。

年輪の幅は、周囲の他の木の状態、風向き、土地の傾斜、樹木の種類なども関係する。たとえば傾斜地に生えている木では、一般に針葉樹の場合には斜面の下側（谷側）のほうが年輪幅は広くなり、広葉樹の場合には斜面の上側（山側）のほうが広くなる。

したがって、年輪は磁石代わりにはならない。道に迷ったとき、年輪によって方角を判断するのは注意を要する。

110　熱帯の樹木に年輪はできない

日本のように春夏秋冬の四季がはっきりしている国に生育している木は、季節によって生長の度合いが違うため、毎年一つずつ年輪ができる。では、一年中ほとんど温度の変化がない熱帯地方に生育している樹木はどうなのか。熱帯の樹木もちゃんと年輪ができるのだろうか。

熱帯の樹木は一般に年輪が形成されない。たとえばフィリピンやインドなどに産するラワンには年輪ができない。年輪は樹齢を知る手がかりとなるが、ラワンは年輪が形成されないので、その樹齢を知るのは難かしい。

だが、熱帯のすべての樹木に年輪ができないわけではない。熱帯地方では一年を通じてほとんど同じ気温である。だが雨量は一定ではない。熱帯地方には雨期があり、地域によっては雨期と乾期がはっきりしている。樹木の生長には水も関わっている。

雨期と乾期がはっきりしている地域では、樹木の生長の度合いに差がでるので、年輪が形成される。

111　桜餅にはどんなサクラの葉を用いているのか

小麦粉を練って焼いた皮に餡《あん》を入れ、塩漬けのサクラの葉でくるんだ菓子を桜餅という。この食べものは江戸時代中期の享保年間（一七一六～三五年）、江戸で誕生した。

江戸向島の長命寺の門番、山本新六がサクラの落ち葉を何かに利用できないかと考えた末に、桜餅を思いついたという。山本新六が創業した桜餅の店（山本や）は現在も存続しており、昔と変わらぬ製法でつくられている。

桜餅には何のサクラの葉が使われているのか。山本やでは江戸時代には隅田川のサクラの葉を使っていたが、現在は静岡県西伊豆で栽培されているオオシマザクラの葉を用いており、他の店でもオオシマザクラが使われている。

オオシマザクラは伊豆七島、伊豆半島などに自生し、ソメイヨシノの一方の親である。桜餅用として栽培されており、若い葉をつんで塩漬けにし、香りを引き出す。

葉が放つ芳香はクマリンという物質によるもので、抗菌、殺虫の作用がある。

112　巨木日本一はクスノキとスギノキ

樹木は長生きである。人間の何倍も、何十倍も生きている。日本にも各地に何百年も生き続けてきた巨木が存在する。わが国でもっとも大きな木は？

歴史のある神社には、たいてい大きな木が生えている。幹周り日本一の巨木は、鹿児島県始良《あいら》郡蒲生《がもう》町の八幡神社の境内にあるクスノキである。樹高三〇メートル、幹周り二四・二メートル、根周りは三三・六メートルもある。

保安四年（一一二三）、蒲生上総介舜清《がもうかずさのすけちかきよ》が八幡神社を建立した当時、その木はすでにかなりの大木だったという。樹齢は千数百年になると推測されている。根元に直径四・五メートルの空洞ができている。昭和二十七年（一九五二）、国の特別天然記念物に指定されている。

樹高日本一の巨木も神社にある。高知県長岡郡大豊町の八坂神社の境内にあるスギノキがそれである。そのスギは根元で二本に分かれており、一方（南大《みなみおお》スギ）が樹高六〇メートル、幹周り一五メートル、他方（北大《きたおお》スギ）が樹高五七メートル、幹周り一六・五メートル。

このスギは素戔嗚尊《すぎのおのみこと》が植えたという伝説がある。樹齢は二千年以上と推定されており、昭和二十七年に国の特別天然記念物に指定されている。

113　サザンカの本名はサンザカ

花の少ない冬に、白やピンクの美しい花を咲かせるサザンカ。その花や葉はツバキによく似ているが、サザンカはツバキ科の常緑樹で、日本固有の植物である。

サザンカは古くはツバキと混同され、両者ははっきり区別されていなかったようである。

「山茶花」という言葉が初めて文献に見えるのは中世になってからで、その読み方はサザンカ（サザンクヮ）ではなく、サンザカ（サンザクヮ）であった。ちなみにその「山茶」は、中国語ではツバキのことである。

慶長八年（一六〇三）に刊行された『日葡辞書《にっぽ》』では、サンザクヮ（Sanzaqua）の形で出ており、「ツバキと呼ばれる木の花」と説明されている。

はじめはサンザカと呼ばれていたものが、サザンカという言い方に変わっていった。サザンカであれば「茶山花」と書くべきだろうが、漢字のほうはそのまま「山茶花」と書かれている。

114　クマザサは熊笹？

庭や公園などに鑑賞用としてよく植えられているクマザサは、ササの代表種である。秋から冬になるころ、その葉の縁（へり・ふち）が白くなる。そこでヘリトリザサ（縁取笹）ともいう。縁が白くなるのは、水分が不足して枯れてしまうからである。

クマザサはクマ（熊）が出るような山奥に生えている。だからクマザサ（熊笹）というと思っている人もいるだろう。北海道にミヤコザサというササが生えている。このササもクマザサと同様に、冬になると葉の縁が白くなる。

ミヤコザサは葉が軟らかで、ヒグマが近づいても葉ずれの音がしない。そこで当地の人々はそのササをクマザサ（熊笹）と呼び、クマに対して注意したという。

だが今日用いられている植物名のクマザサは、そこからきているのではない。クマザサは熊笹ではなく、隈笹という意味。冬になると葉の縁が白く枯れていく。すなわち葉の縁が白く隈《くま》どられる。そこからクマザサという名になった。

115　フジのつるは右巻きか左巻きか

新緑の五月、藤棚に咲く紫色のフジの花は何とも美しい。フジは山野に自生し、鑑賞用にも植えられており、鑑賞用のフジは棚づくりにされることが多い。日本人は昔からフジの花を好んできた。

『万葉集』ではフジは二七首に詠まれている。『万葉集』には一五〇あまりの植物が登場しているが、フジは七番目に多く、この花を万葉の人々が好んだことを間接的に物語っている。フジの繊維は強く、古くはフジの繊維で衣服を織り、それを藤衣《ふじころも》と言った。

フジはマメ科の蔓《つる》性落葉低木である。他の木などに巻きつきながら伸びていく。フジは日本の特産種で、野生のものとしてはフジとヤマフジの二種がある。フジは別名、ノダフジとも言い、その名はフジの名所であった大阪の野田に由来する。その巻き方は、右巻きなのか、それとも左巻きなのか。

フジ（ノダフジ）とヤマフジはよく似ているが、もっともはっきりした相違点がある。それは巻き方である。フジの蔓の巻き方は右巻きで、ヤマフジは左巻きである。植物学者の本田正次は、この二種を「フジ姉妹」と名づけている。

116　万両、千両があれば百両もある？

センリョウ（千両）という常緑の小低木があり、晩秋に赤い実をつける。実の色が美しく、またその名がめでたいところから、縁起ものとして、正月の飾り花として用いられている。

センリョウという名は、厳寒の冬にその光沢のある赤い実は千両の値打ちがあるということからつけられた。センリョウの赤い実は上を向いて枝についているが、センリョウと同じく赤い実をつけ、同じく正月の飾りに用いられるマンリョウ（万両）は下向きに枝についている。

センリョウとマンリョウは種類は異なるのに、赤い実や葉の形がよく似ている。センリョウよりも美しいということからマンリョウと名づけられたようだが、センリョウのほうが美しいと思う人もいる。

万両、千両とくれば、次は百両だが、ヒャクリョウなるものもある。ヤブコウジ科のカラタチバナも冬に赤い実をつけ、マンリョウ、センリョウに対し、ヒャクリョウと呼ばれている。万両、千両、百両があれば、とうぜん十両もある？　ヤブコウジという木がある。常緑樹林の下に生える丈の低い木だが、秋に実が赤く熟する。これも正月の飾りに用いられているが、この木がジュウリョウと呼ばれている。

117　サルスベリの騙しのテクニック

ミソハギ科の落葉高木のサルスベリは木の肌がすべすべしている。木登りが得意のサルもこの木は滑ってしまうだろうということからサルスベリと名づけられた。この木は夏から秋にかけて真紅の花を咲かせる。そこで百日紅ともいう。

植物たちもいろいろ工夫して生きている。子孫を残すことは植物にとって大事なことである。サルスベリは、うまく騙《だま》して花粉を運んでくれる昆虫を誘っている。いったいどのようにして騙しているのか。

サルスベリはきれいな花を咲かせるが、その花のオシベは長いものと短いものの二種類がある。中心部によく目立つ短いオシベがあり、長く突き出ているオシベのほうはあまり目立たない。

両方に花粉がついているが、本物の花粉がついているのは長くて目立たないオシベのほうで、短くて目立つオシベの花粉はイミテーションで、昆虫をおびき寄せるためのものである。ノボタンの仲間のシコンノボタンの長く突き出たオシべはよく目立つが、その花粉も、同じくイミテーションである。

118　特定のハチをひいきするトチノキ

栃木県の県名にもなっているトチノキは落葉高木で、その実は古くから食用にされてきた。パリの街路樹として知られるマロニエはトチノキの仲間であり、西洋トチノキとも呼ばれている。

初夏に白地の花を開く。花びらに斑点があり、それははじめは黄色い色をしており、後に赤色に変化する。トチノキの花からは良質の蜂蜜がとれるが、この花が蜜を出すのは黄色い斑のある若い花で、斑が赤色になるともう蜜は出さなくなる。

虫たちが蜜を求めてやってくる。トチノキにはマルハナバチがやってきて、蜜をなめるが、黄色い斑のある花を集中的に訪れる。その花には蜜があることがマルハナバチにはわかっている。つまり斑点の色を見分けることができる。マルハナバチは蜜をなめ、花粉を運んでくれる。

ハナアブもこの花を訪れるが、花粉を運ぶ役には立たず、斑点の色を見分けることができないので、蜜を出さない赤色の斑点の花にも訪れてしまう。

つまりトチノキは花粉をちゃんと運んでくれるマルハナバチに対し、そのハチたちだけがわかる色のサインを出し、ひいきしているわけである。

▼樹木のひみつ根掘り葉掘り

119 プラタナスの花言葉なぜ「天才」なのか

世界中で街路樹や公園樹として植えられているプラタナスは、和名ではスズカケノキ（篠懸の木）と呼ばれている。その名は山伏の着る篠懸《すずかけ》（篠懸衣）に由来する。篠懸は山伏が衣の上につける麻の上衣で、それは深山の篠竹《しのだけ》の露を避けるためのものであった。そこで篠懸という名になったという。その篠懸衣には鈴玉みたいな飾りがついている。プラタナスは春に花を咲かせ、秋に球状果をつける。それが篠懸衣の球状の飾りに似ているところから、スズカケノキと名づけられたのである。

なおプラタナス（platanus）という名は、広いこと、平らなことを意味するギリシア語のプラテュス（platys）に由来する。この木が大きな葉、広い葉を持っていることから、プラタナスという名になった。

プラタナスの花言葉は「天才」である。どうして天才なのか。プラタナスはヨーロッパでは古から栽培されている。古代ギリシアのアテネにはプラタナスの長い並木道があって、哲学者たちがその木陰で哲学などを説いたという。そこでプラタナスは天才の象徴とされていた。花言葉はそこからきている。

120 ボタンの花はなぜオスなのか

ボタン（牡丹）の花は大きくて、絢爛豪華である。そこで、「花王」「百花王」と讃えられている。ボタンは中国北西部が原産地で、隋代から花を観賞する目的で栽培されるようになり、唐代になると庶民が競って栽培した。

中唐の詩人、白居易《はくきょい》（白楽天《はくらくてん》）がボタンを詠んだ詩のなかで、「花開花落二十日、一城之人皆若狂」（花開き花落つ二十日、一城の人皆狂えるがごとし）と、長安の都の人々がボタンが咲いて散るまでの二十日間、気も狂わんばかりに大騒ぎしている様子を歌っている。ボタンのことをハツカグサ（廿日草）ともいう。それはこの詩に由来するという。

ボタンという名は中国での呼び名「牡丹」を音読みしたものである。その「牡」はオス・メスのオス（雄）の意味である。どうしてボタンはオスなのか。

ボタンは春に根から芽が出る。植物学者の牧野富太郎は根からその芽が雄々《おお》しく出るので、「牡」としたのだろうという（『四季の花と果実』）。

このほか種子ができにくいために「牡」と形容されたとか、種子によってではなく株分けによって繁殖するところから、子ができないという意味で「牡」とみなしたといった説がある。

121　秋になると木の葉は、なぜ変色するのか

秋になると、木々の葉が色づく。イチョウ、クヌギ、ポプラなどはその葉が黄色くなり、カエデ、ナナカマド、ハゼノキなどは紅色に変わる。

木の葉はふだんは緑色をしている。それはクロロフィルという緑色の色素を含んでいるからである。秋になって気温が下がると、葉が老化しはじめ、葉を落とすために、葉の付け根のあたりに離層《りそう》という組織ができ、葉と枝を結ぶ通路が通りにくくなる。

そうなると枝から葉への水や栄養分の供給ができなくなり、光合成によってつくられた糖分が行き場を失い、葉にたまることになる。また葉のなかにある緑色の色素のクロロフィルが分解する。

葉はカロテノイドという黄色の色素も含んでいる。クロロフィルが分解し、その色（緑色）が失われ、もともと葉にあったカロテノイドが前面に出てくる。イチョウやポプラの葉が黄色くなるのはそのためである。

一方、カエデやハゼノキなどの葉が赤（紅）くなるのは、葉のなかにたまった糖分からアントシアニンといケ赤の色素が新たに合成されるからである。

122　ナナメノキはなぜナナメなのか

ナナメノキという名の木がある。モチノキ科の常緑高木で、静岡県以西の山地に生えており、庭木や公園樹として植えられている。春に淡紫色の花を咲かせ、秋に球形の実をつけ、熟すと赤くなる。

モチノキ科のこの木はモチノキと同様に、樹皮から鳥もち（捕鳥・捕虫用の粘着性物質）が採られ、中国では種子や樹皮を強壮剤として用いるという。

ナナメノキという名からは、まっすぐではなく、斜めになって生えているかのように想像させる。だが実際は斜めにはなっていない。生え方は他の樹木と同じである。ではナナメノキはどうしてナナメなのか。

ナナメノキの名前の由来については、いくつかの説がある。たとえば、ナナメは七実の意味で、美しい実がたくさんなるのにもとづくという説や、この木の実はモチノキ類の木の実が球形であるのに対し、少し長いのでナガノミノキ（長

の実の木）、それが転じてナナメノキになったという説がある。

ナナメノキは昔はナノミとも称されていたようである。そのナノミは「名の実」（人によく知られた実）の意味で、ナナメノキの実は美しく、その美しさには定評があることから、ナノミと呼び、それが実る木なのでナノミノキ、それが転じてナナメノキになった。そういう説もあり、この説はもっとも有力とされている。

123　なぜクルミの木の下では植物が育たないのか

昔から、クルミの木の下では他の植物はよく育たないといわれている。

古代ローマの博物学者、プリニウスは『博物誌』のなかで「クルミの陰は重苦しい。そして、人に頭痛を起こさせたり、その付近に植えられたどんなものにも害を与える」と記している。頭痛はともかくとして、付近の植物に害を与えるというのは本当のことである。

クルミの木の下で他の植物が育ちにくいのは、クルミが光や水分などを奪ってしまうからではない。クルミは化学兵器を持っている。それによって他の植物の生育を妨げているのである。

その化学兵器というのは、ユグロンと呼ばれる毒性物質である。ユグロンには植物の生長を抑制するなどの働きがあり、クルミはそれを分泌し、他の植物の侵入を阻止しているのである。

植物が持っている天然の化学物質が、付近の植物に何らかの作用をおよぼす現象はアレロパシー（allelopathy　他感作用）と呼ばれている。アレロパシーはクルミのほか、セイタカアワダチソウ、ヒガンバナ、イチョウ、タイサンボク、プラタナスなどにも見られる。

雑草の代表格であるセイタカアワダチソウは、その根からポリアセチレン化合物を分泌し、他の植物を阻害し、縄張りを広げていく。

124　アジサイの花の色は、なぜ土地によって変わるのか

梅雨の時期、雨に濡れたアジサイには格別の趣きがある。アジサイは咲き始めから、咲き終わるまで、花の色が種々に変化するので、「七変化」などの異名がある。

同じ品種でも、土地によっても色が変化する。なぜ土地によって色が違ってくるのか。

色の変化は、土壌の酸度とアルミニウムが関係している。アジサイは青、紫、赤などの色を出すアントシアニンという色素を含んでいる。アジサイの多くは、酸性の土壌では青に、アルカリ性ではピンク色・紅色になる。

土はアルミニウムを含んでいる。酸性の土壌ではアルミニウムが土のなかで水に溶けやすいため、アジサイに吸収され、アントシアニンと結合して、花の色が青になる。

一方、アルカリ性の土壌ではアルミニウムが溶けず、吸収されないため、青色が発色せず、花の色が赤っぽくなる。すなわち、酸性が強いと青色がよく発色し、アルカリ性では、紅色がよく発色するようになる。

125　幹が空洞になった大木がなぜ生きている？

樹木のなかには何百年、何千年も生き続けているものがある。そして、古い木には幹が空洞になっているものが少なくない。それでも枝や葉を茂らせて、ちゃんと生きている。どうして枯れないのか。

樹木の幹を輪切りにすると、年輪が見える。その部分を木部《もくぶ》といい、木部を樹皮が取り囲んでおり、木部と樹皮の間に、形成層と呼ばれる薄い層がある。

樹木の生長には上に伸びる伸長生長と、太くなる肥大生長がある。伸長生長は、幹・枝の先端の生長点と呼ばれる部分が上に向かって、新しい細胞をつくって伸びていく。肥大生長は、樹皮の内側の形成層の細胞が分裂し、外側に向かって新しい細胞をつくる。その結果、幹は太くなる。

形成層によって生まれた新しい細胞はやがて死んでしまい、死んだ細胞は硬くなる。じつは樹木の幹のほとんどの部分は死んでいる。細胞の死骸の集まりである。生きた細胞があるのは樹皮の内側の薄い層（形成層）だけである。

幹の中心部分が腐って空洞になると、木を支える力が弱くはなるが、その部分はもともと死んでおり、空洞になっても形成層の細胞は生きているので、樹木は生きながらえることができるわけである。

126　ソメイヨシノは、なぜ花が咲いてから葉が出るのか

サクラのなかで、もっともよく知られているソメイヨシノは、葉が出る前に花を咲かせるという特徴がある。同じサクラでもヤマザクラは葉が出てから花を咲かせる。どうして種類によって違うのだろうか。

サクラは春に花を咲かせる。その蕾は前年の夏にすでに

できている。だが、その年の秋には花を咲かせない。秋に花を咲かせると、寒い冬がやってくるまでに種をつくることができない。

花のなかには初秋に蕾をつくり、秋に開花し、種をつくり、寒い冬を種で越すものがあるが、サクラはそうしたことができない。夏に蕾をつくった芽は、秋になって、冬を越すために冬芽（越冬芽）になり、冬の寒さをしのぐ。

越冬芽には蕾の芽と、葉の芽がある。ソメイヨシノの蕾の越冬芽は、葉の越冬芽より低い温度で生長をはじめる。だから葉が出る前に花が咲く。

一方、ヤマザクラは葉の越冬芽のほうが蕾の越冬芽より低い温度で生長するので、葉が出てから花が咲くことになる。

127　タケにはなぜ年輪ができないのか

タケの子ども、タケノコは春に発生し、すくすくと生長し、数か月でオトナになってしまう。太いタケだと二〇メートルくらいの高さまで伸びる。樹木の多くは上に伸びながら、横にも伸びている。つまり毎年、少しずつ太っていく。ではタケはどうだろうか。

タケノコが生長して、オトナのタケになる。そしてタケは他の樹木と同じように、年々わずかずつ太っていると思っている人がいる。すなわち太いタケは何年もかかって太くなったのだと思っている人がいる。だが、幹の直径が一メートルもあるようなタケはない。

じつは、タケは太らないのである。すなわちタケは肥大生長をしない。毎年少しずつ太っていると思っているのは誤解である。タケはまったく肥大生長しない。それはふつうの樹木と違って、タケが形成層を持っていないからである。

ふつうの樹木は形成層の細胞の分裂によって幹を太らせており、それが年輪となる。タケは形成層をもたず肥大生長しないので、年輪ができない。

128　ポインセチアはなぜクリスマスの花になったのか

クリスマスが近づくと、花屋の店先に深紅色のポインセチアの鉢植えが並ぶ。あの深紅色の花は、本当は花（花弁）ではなく葉である。植物学用語では総苞片《そうほうへん》といい、それは最初から赤いわけではない。はじめは緑色をしている。

ポインセチアの原産地はメキシコなど中南米。メキシコではポインセチアは「ノチェブエナ」と呼ばれている。それは「良き夜」という意味で、クリスマスの夜を指す。その名の由来については一説に、その赤い花びら状のものがベツレヘムの星を連想させるからといわれている。

米国初代のメキシコ大使、ジョエルーロバーツーポインセット（一七七九～一八五一）が一八二九年に帰国したとき、ノチェブエナを出身地のサウスカロイナ州へ持ち帰った。そしてノチェブエナは、ポインセットの名にちなんでポインセチアと名づけられた。

メキシコでこの花はクリスマスと関わりのある花とされており、またクリスマスのころに赤くなるところから、北アメリカではポインセチアはクリスマスの花としてもてはやされるようになった。

その後、この花はヨーロッパを経て世界中に普及することになる。

129　ツバキの花はなぜ横向きなのか

ツバキは冬から早春にかけて花を咲かせる。ツバキが開花するのは寒い時季であり、その花は横向きに咲く。それには何か理由があるのだろうか。

植物にとって花は性器である。オシベの花粉をメシベが受粉する。花粉は自分の力ではオシベからメシベへ移動することができない。ツバキはその花粉を鳥たちに運んでもらっているが、鳥たちはただでは運んでくれない。ツバキは蜜を用意し、メジロやヒヨドリなどを誘う。

鳥たちがツバキの蜜を吸う。そのとき、花粉が鳥の顔について運ばれていく。ツバキは鳥たちの好みの色である赤い花を咲かせる。また、ツバキの花が横向きに咲くのも、鳥たちが蜜を吸いやすくするためである。

植物のなかには昆虫に花粉を運んでもらっているものもいるが、鳥は昆虫より体が重い。そこでツバキの花びらは鳥の重さにも耐えるように、丈夫である。

130　落葉樹のクヌギは、なぜなかなか落葉しないのか

落葉樹の多くは秋も終わりごろになると葉を落としはじめ、翌年の早春までにはすっかり落としてしまう。ところが落葉樹なのに、なかなか落葉しないものもある。たとえばブナ科のクヌギがそうである。

クヌギはドングリが実る本としておなじみだが、この木の葉は秋になると枯れるのに、なかなか落葉しない。冬の間じゅう枯れ葉が枝についたままである。なぜ他の落葉樹のように落葉しないのか。

ふつうの落葉樹は秋になると、葉柄《ようへい》の基部（付け根）に離層《りそう》と呼ばれる細胞群の層ができる。そして離層内で細胞壁を溶かす酵素がつくられ、細胞間の結びつきが弱くなる。その結果、葉が落ちる。クヌギがなかなか落葉しないのは葉柄に離層が形成されないからである。

枯れ葉をつけたまま越冬するのは、クヌギのほかにもある。アベマキ、コナラ、カシワはクヌギと同じブナ科の落葉樹だが、それらも離層が形成されず、なかなか落葉しない。

131 節分になぜヒイラギを用いるのか

立春の前日を「節分《せつぶん》」という。節分は季節の分かれ目という意味で、もともと立春・立夏・立秋・立冬の前日を指した。つまり節分は一年に四回あったわけである。それに昔は節分はセチブンといっていた。セチブンが本来の呼称である。

節分は今日ではもっぱら立春の前日の意味に用いられており、この日、豆まきをして鬼を追い払うとともに、イワシの頭をヒイラギの枝に刺して家の入口に置いておく風習がある。ヒイラギはモクセイ科の常緑小高木である。節分にどうしてヒイラギなのか。

ヒイラギ（柊）の葉には棘《とげ》がある。その棘にさわると、皮膚が痛む。ずきずき、あるいはひりひりと痛むことを古語で「ひひらぐ」という。ヒイラギという名はそれに由来すると考えられている。節分にヒイラギを用いるのは、ヒイラギの葉の棘によって鬼を撃退させるためだといわれている。

ちなみにイワシの頭を家の入口に置くのも、ヒイラギと同様にその悪臭によって鬼を追い払うためである。「イワシの頭も信心から」という諺がある。それは節分にイワシの頭を用いる風習から生まれたものだという。

132 サクラはなぜ葉にも蜜腺があるのか

サクラの木にアリがのぼっている姿を目にすることがある。どうしてサクラの木にアリがいるのか。

それはアリが好むものをサクラが持っているからである。ではアリが好むものとは？それは蜜である。

その蜜は、サクラの木のどこにあるのか。植物によっては花の外部に蜜を出す腺を持っているものがあり、それを花外蜜腺という。サクラは葉の部分に花外蜜腺を持っており、サクラの種類によって、その位置が異なる。たとえばソメイヨシノの花外蜜腺は葉柄と葉身の接点あたりにあり、オオシマザクラは葉柄の上にある。

サクラの木にアリがのぼっているのは、その花外蜜腺を求めてである。ではサクラはどうして葉にも蜜腺を持っているのだろうか。その意味については、甘い蜜を分泌することでアリをおびき寄せ、アリに葉を食べる虫を追い払わせることにあると考えられている。

サクラはアリに蜜を与え、ボディガードとして使っているわけである。

133　バクチノキはなぜバクチなのか

金品を賭けて、サイコロや花札などで勝負を争うことをバクチ（博打、博奕）といい、バクチを専業とする者をバクチ打ちという。木のなかにバクチノキという面白い名を持つものがある。

そのバクチは博打《ばくち》のことで、バクチノキを漢字で書けば「博打の木」である。どうしてそんな名前がついたのか。博打とどんな関係があるのか。

バクチノキはバラ科の常緑高木で、サクラの仲間である。関東以南、四国や九州などに分布しており、高さは一五メートルくらいになり、九月ごろ花を咲かせる。

この木は樹皮が鱗片状になって剥がれ落ち、剥がれると紅黄色の肌が現われる。その様子が、博打に負けて身ぐるみ剥がされてしまうさまを連想させるところから、バクチノキと呼ばれるようになったのである。ハダカノキ、バカノキなどの別名もある。

バクチノキの葉は長さ一〇～二〇センチの長楕円形で厚く、縁に鋸歯《のこぎりば》がある。その葉から製した液はバクチ水と称され、咳止め、吐き気、胃痛などの薬として用いられている。

134　サンショウの実はなぜ色変わりするのか

サンショウの実は香辛料や薬として用いられている。その実は小さいが、たいへん辛い。そこで「サンショウは小粒でもぴりりと辛い」という諺が生まれている。江戸時代の俳諧書『毛吹草《けふきぐさ》』（一六三八年）に、「山椒は小粒なれども辛し」という表現が見える。

植物は動くことができないので、その種を風や動物などによって、散布してもらっている。動物に運んでもらうためには、まず動物に見つけてもらわなければならない。そのため植物たちは、それぞれに工夫をこらしている。

サンショウの実は小さいが、その実には鳥の目をひきつける仕掛けがある。それは二色効果と呼ばれるものである。

サンショウの実は球状で、赤い色をしており、熟すると割れて、青黒い種子が現われる。赤から青、赤から黒など、色を変えることによって鳥獣にその存在を気づかせる効果をる一例である。

二色効果という。サンショウの実は、その効果を利用してい

135 サクラの花言葉はなぜ「よい教育」なのか

サクラの花言葉に、「不誠実」「不真面目」「偽善」というのがある。いずれもいい意味の言葉ではない。どうしてそんな言葉なのか。それはサクラは花はきれいなのに、その実がすっぱいところからきているようである。そのほか、サクラの花言葉には「よい教育」というのがある。その花言葉はどこからきているのか。

サクラといえば、アメリカ初代大統領ワシントンのサクラの木の話はよく知られている。彼が子どものとき、父親が大事にしていたサクラの木を切ってしまった。それを見て父親がその木を切ったのは誰なのだと怒った。ワシントンは知らんぷりしておこうと思った。だが隠したりするのはよくないことだと思い直し、自分が切ったことを正直に告白した。父親はワシントンの正直さを認め、許してやった。

ワシントンのサクラの木の話というのは右のような内容である。子ども向けに書かれたワシントン伝には、この話はたいてい載っている。だがそれは作り話だともいわれている。それはともかく、サクラの花言葉の「よい教育」は、ワシントンのサクラの木の話にもとづいている。

136 沖縄のサクラ前線はなぜ北から南へ進む?

サクラは毎年、ほとんど決まった時期に花を咲かせる。サクラが開花するころになると、気象庁がサクラの開花予想を発表する。サクラの開花日を結んだ線をサクラ前線と呼んでいる。サクラ前線は南から北へ進んでいき、まず沖縄で一月中旬に開花し、三月下旬になると九州や四国で開花する。そして西日本を駆け足で北上し、三月下旬から四月初旬に南関東に達し、その後、約一か月かけて北海道へ進んでいく。

ところで沖縄では、サクラ前線は南から北へではなく、北から南へ進む。沖縄に限っては、九州や本州における進み方とは逆の進み方をする。それはなぜなのか。

サクラは夏に花のもとになる花芽《かが》を形成する。花芽は休眠して年を越し、冬の間に、ソメイヨシノであれば五度C、ヒカンザクラ（カンヒザクラ）であれば一〇度Cくらいの気温に一定期間さらされると、休眠から覚めて生長をはじめる。これを休眠打破という。休眠打破した花芽は気温の上昇につれて蕾を形成し、花を咲かせる。

一般にサクラの開花予想にはソメイヨシノが用いられているが、沖縄県での開花予想にはヒカンザクラが使われてい

る。ヒカンザクラは一〇度Cで休眠打破が起こる。沖縄では北部のほうが南部よりも早く一〇度Cの気温に下がるので、南部より早く休眠打破が起こり、花が早く咲く。したがって、サクラ前線は北から南へと進むことになる。

137　椿事は珍事、ではなぜツバキは珍しいのか

「椿事《ちんじ》」という言葉があり、珍しい出来事、思いがけない出来事を意味する。椿事とはすなわち珍事のことだが、どうしてツバキ（椿）が珍しいのか。

日本では「椿」は植物のツバキの意味に用いられている。だが「椿」という漢字は本来はツバキのことではない。「椿」は日本ではチャンチン（香椿）と呼ばれているセンダン科の落葉高木である。ちなみに中国語ではツバキは「山茶」という。

中国にかつて「大椿」という霊木があったという。『荘子《そうじ》』の逍遥遊篇に「上古に大椿なるものあり、八千歳をもって春となし、八千歳を秋となす」とある。そこから椿は長寿の木とされ、長寿のことを「椿寿」ともいう。

また大椿はたいへん珍しい霊木であり、「椿」の音のチンが「珍」に通じるところから、珍しいという意味に用いられるようになり、珍しい出来事を「椿事」というようになった。

「椿」を珍しいという意味で用いた言葉としてはほかに「椿説《ちんせつ》」があり、曲亭馬琴の読本《よみほん》に『椿説弓張月《ゆみはりづき》』というのがある。

138　サカキはなぜ神の木なのか

ツバキ科の小高木のサカキは漢字では「榊」と書く。その漢字は日本でつくられた、いわゆる国字である。

「榊」は「神」と「木」からなり、神の木を意味する。サカキは神木とされ、神社の境内によく植えられており、枝や葉を神前に供える。地鎮祭や神前結婚式で捧げる玉串には、サカキの枝が用いられている。サカキはどうして神の木になったのか。

サカキという名の語源にはいくつかの説があり、一説に「境木《さかき》」の意味だという。これは国語学者の大槻文彦の説だが、わりと有力視されている。神が鎮座している地の境（区域）を示すための木、それがサカキの本来の意味だという。

神がいる場所、その神聖な場所を示す木であったためにサカキと呼ばれ、その木は特定の木ではなく、境に植えた木の総称であった。そのなかで、常緑樹で葉の枯れないツバキ科のサカキ（榊）が神事・祭祀に専用されるようになり、その木をとくにサカキと呼ぶようになったという。

139　マツの葉はなぜ針のような形なのか

植物は光のエネルギーを利用して栄養分（糖分）をつくり出している。それを光合成という。

植物が光合成を行なっているメインの場所は葉である。植物の葉はたいてい平面状をしており、そのほうが光をできるだけ多く吸収することができる。光をたくさん吸収するためには、平面状で、しかも面積が広いほうがいい。

ところが植物のなかには、小さな葉、針のような形の葉を持ったものもある。たとえばマツがそうである。

針葉樹のマツの葉は針のように細い。光合成のためには、マツの葉は効果的ではない。ではどうして針状なのか。植物の葉は光合成の場所であるとともに、水分が蒸発して逃げていくところでもある。

植物が生きていくためには水が必要である。マツはもともと水分の少ないところで生きていた。大きな葉をつけていると、そこから水分が逃げていってしまう。そこでマツは水分が失なわれないように、表面積が小さな針状の葉になった。

140　ザクロはなぜ石榴なのか

甘酸っぱい実をつけるザクロは漢字では「石榴」と書く。その「榴」はコブ（瘤）の意味で、ザクロの実がコブのような形をしているところからきたものという。では「石」は何を意味しているのか。

ザクロの原産地はペルシャ（イラン）地方といわれている。それが中国に渡来したのは漢の武帝のころ。張騫《ちょうけん》が西域に使わされ、ペルシャ地方にあった安石国から、ザクロの木の種を持ち帰ったという。

安石国からやってきた瘤のような実のなる木。そこで中国ではそれを「安石榴」と称した。それが略されて「石榴」となった。

日本へは中国から朝鮮を経て入ってきたといわれている。渡来の時期ははっきりしないが、平安時代にはすでに栽植されていたようである。

ザクロという和名は、漢名の「石榴」からきているという。「石榴」は漢音読みではセキリュウだが、それをジャクロと呉音読みし、それが転じてザクロになったと考えられている。

141　キリはなぜ庭木として嫌われるのか

木のなかには、それを庭などに植えておくと幸運を呼ぶとされている吉祥木《きっしょうぼく》と、不幸を招くと信じられている忌み木《いぎ》がある。吉祥木にはマツ、ダイダイ、ナンテンなどがあり、忌み木には種類が多い。

忌み木としては、たとえばキリがある。キリの材は白くて木目が美しく耐湿・耐乾性に富むので、箪笥《たんす》、長持ち、下駄などに用いられているが、庭に植えるのはよくないとされている。それはなぜか。キリが嫌われる理由の一つはその名にある。キリが「これっきり」に通じるからである。キリを庭に植えると命がこれっきり、財産がこれっきりになってしまう。だからよくないというわけである。キリは生長が早く、若いうちに切るので、キリを屋敷に植えると若死にするとか、キリを切るころになると大が死ぬともいわれている。

ツバキも忌み木の一つである。ツバキは花が散るとき、花全体がポトリと落ちる。それが人の首が落ちるのを連想させるため、不吉な花として嫌われるようになったようである。またお寺や墓地などによく植えられているところからも、庭に植えるのをタブー視するようになったらしい。サルスベリやイチョウも忌み木とされているが、その理由もそれらがお寺によく植えられていることによる。フジは庭園などによく植えられているが、この木も屋敷に植えるのを忌み嫌われている。フジが「不時」に通じ、花が垂れ下がるのが家運が下がるのに通じるなどの理由からである。

142　ツタはなぜ垂直な壁をよじ登れるのか

家の壁や他の木にからみついて生きているツタ（蔦）は、ブドウ科の植物で、秋の紅葉はじつに美しい。昔はこの幹から液を採り、煮詰めて甘味料（甘葛《あまずら》）をつくった。

ツタは建物や樹木を這《は》い伝って伸びていき、その高さは二〇メートル以上にも及ぶことがある。

ツタという名は一説に、「伝う」からきているという。ツタはものを結ぶのに用いたところから、ツナ（綱）の意味という説もある。

ツタはコンクリートの垂直な壁でも、難なくよじ登っていく。どうしてあんな芸当ができるのか。

ツタは同じブドウ科のブドウと同様に、茎が変化した巻きヒゲで壁などに付着する。

巻きヒゲは葉の反対側に出ているが、その巻きヒゲに秘密がある。巻きヒゲの先端に注目すると、アマガエルの指のような吸盤がついている。ツタはその吸盤で吸着するので、つかむところのないコンクリートなどの壁でも、容易によじ登っていくことができるわけである。

143 ツツジの花にはなぜ斑点があるのか

春から夏にかけツツジが開花する。その花はラッパのような形をしており、花冠の先が五つに裂けている。ちなみにツツジという名は一説に、筒咲き状の花の形からきているという。

漢字では「躑躅」と書く。躑躅は足踏みすることを意味する。ヒツジがツツジの葉を食べると躑躅（足踏み）して死ぬという。そこからツツジに躑躅の字を当てるようになったといわれている。

ツツジの花をよく見ると、花びらに斑点があるのに気づく。その斑点は何なのか。単なるしみなのか。

斑点はツツジが自らつくりだしたもので、たいへん重要な役割りを担っている。ツツジの花はその奥に蜜を持っており、昆虫がその蜜を吸いにやってくる。花びらにある斑点は蜜がその奥にあることを示す標識の役割りを果たしており、ガイドマークとか、蜜標《みつひょう》と呼ばれている。虫たちに花粉を運んでもらうために、ツツジの花はそんなことまでしているのである。

144 スギ花粉がなぜ花粉症を引き起こすのか

花粉症の患者は国民の一割、一二〇〇万人を超えるといわれている。東京都のすべての人々が花粉症にかかっている計算になる。花粉症の最大の原因になっているのはスギ花粉である。どうしてスギの花粉が病気（花粉症）を引き起こすのか。

花粉症は花粉が原因となって起こるアレルギー症状で、原因となる花粉はスギをはじめ、ヒノキ、ブタクサ、カモガヤなどがある。

体内に異物が入ってくると、抗体（免疫グロブリン）がつくられる。それをつくりやすい体質の人を、アレルギー体質という。スギやヒノキなどの花粉は体に害のあるものではないが、アレルギー体質の人はそれを害のある異物として認識し、リンパ球がそれに対する抗体（免疫グロブリンＥ）をつくる。

この免疫グロブリンＥは鼻や目の粘膜にある肥満細胞に付着し、次の花粉の侵入に備える。

そして再び花粉が粘膜から体内に侵入すると、抗体（免疫グロブリンＥ）と結合し、抗原抗体反応を起こし、肥満細胞がヒスタミンなどの化学物質を出して花粉と戦う。そしてその化学物質が、くしゃみ、鼻水などの花粉症の症状を引き起こす。

145　なぜヤナギの下に幽霊が出るのか

「柳《やなぎ》に風」という表現がある。ヤナギが風に逆らわないでなびくように、他の力に逆らわずに、うまく受け流すことをいうが、ヤナギといえば、「柳に幽霊」である。

幽霊は死者が成仏できずにこの世に現われたもの。その幽霊は、ヤナギの下などに現われることになっている。では、どうしてヤナギなのか。

ヤナギは街路樹や河畔の並木としてよく用いられている。また境界の目印として町外れや村境に植えられ、橋のたもとや遊廓の出入口などにも植えられた。

江戸・吉原遊廓にもその出入口の近くにヤナギがあり、「見返り柳」と呼ばれていた。川柳に「もてたやつばかり見返る柳なり」という川柳がある。その柳のところで振り返ると吉原が見えた。

ヤナギが町や村の境、橋のたもと、遊廓の出入口などに植えられたのは、ヤナギがこの世と異界との境を示す象徴とされていたことによると見られており、幽霊がヤナギの下に現われるというのも、ヤナギのそうした象徴性にもとづくと考えられている。

146　なぜ「松竹梅」なのか

植物のなかでマツ、タケ、ウメの三つは、たいへんめでたいものとされており、古来、「松竹梅」の取り合わせが尊ばれてきた。ではどうして「マツ・タケ・ウメ」なのか。スギやヒノキやサクラではなく、どうしてマツ・タケ・ウメの三つが選ばれたのか。

松竹梅を中国では歳寒三友と呼ぶ。北宋（九六〇〜一一二七年）の後半、中国で文人たちの間でタケの墨絵がはやり、その後、絵の主題がウメ、キク、マツなどに広がっていった。

マツ・タケは冬でも葉の色を変えず、ウメはまだ寒い時期に花を開くところから、三者は君子の高い節操の比喩として用いられるようになり、「歳寒三友」と呼ばれるようになった。

それが日本に導入され、「松竹梅」はめでたいもの、縁起のいいものとして扱われ、慶事に用いられるようになった。

また「松竹梅」は料理や品物などを三等級に分けるときにも、等級として使われている。

147 モクセイはなぜ実をつけないのか

秋のある日、住宅地を歩いていると、どこからともなくモクセイ（木犀）の甘い香りがただよってきて、うっとりした気分になることがある。モクセイ（木犀）の語源については、この木の肌が動物の犀《さい》に似ているからという説がある。

モクセイには花が橙色のキンモクセイ、花が白色のギンモクセイがあるが、キンモクセイのほうが多く植えられているからか、モクセイといえばふつうキンモクセイを指す。

両モクセイの花自体はそれほど美しいものではない。だが、香りはどちらも濃厚である。ところで、キンモクセイとギンモクセイは、花を咲かせても結実しない。どうして実をつけないのか。

キンモクセイとギンモクセイは両方とも中国原産の木で、いずれも雌雄異株である。モクセイが日本に伝わったのがいつのころなのかは明らかではないが、日本には雄性株だけしか渡来していない。だから実ができないわけである。

著者略歴

北嶋廣敏（きたじま・ひろとし）

文筆家。福岡県生まれ。早稲田大学第一文学部卒。短歌・美術の評論でデビュー。古今東西のさまざまな文献に精通した博覧強記の読書人。面白くてためになる雑学系の著書は多くのファンを魅了している。

さらっとドヤ顔できる 草花の雑学

2015年5月1日　初刷発行
2018年10月5日　二刷発行

著者　北嶋廣敏

発行所　株式会社パンダ・パブリッシング
〒111-0053　東京都台東区浅草橋5-8-11　大富ビル2F
http://panda-publishing.co.jp/